Adobe Fireworks CS6

中文版经典教程

〔美〕Adobe 公司 著　陈少芸 译

人民邮电出版社

北　京

图书在版编目（ＣＩＰ）数据

Adobe Fireworks CS6中文版经典教程 / 美国Adobe
公司著；陈少芸译. -- 北京 ：人民邮电出版社，
2014.7（2019.8重印）
ISBN 978-7-115-35545-4

Ⅰ. ①A… Ⅱ. ①美… ②陈… Ⅲ. ①网页制作工具—
教材 Ⅳ. ①TP393.092

中国版本图书馆CIP数据核字(2014)第101177号

版权声明

内 容 提 要

本书由 Adobe 公司编写，是 Adobe Fireworks CS6 软件的正规学习用书。

本书共 14 课，涵盖了工作区简介、重要工作流程工具、处理位图图像、使用选区、处理矢量图形、蒙版、使用文本、使用样式及
样式面板、使用元件、Web 页面及移动页面优化、原型基础、高保真原型创建技术、改进工作流程以及高级主题等内容。

本书语言通俗易懂并配以大量图示，特别适合 Fireworks 新手阅读，有一定使用经验的用户从中也可学到大量高级功能和 Fireworks
CS6 新增的功能，也适合各类相关培训班学员及广大自学人员参考。

◆ 著　　　　 [美] Adobe 公司
　　译　　　　 陈少芸
　　责任编辑　 俞　彬
　　责任印制　 彭志环　杨林杰
◆ 人民邮电出版社出版发行　　北京市丰台区成寿寺路 11 号
　　邮编　100164　　电子邮件　315@ptpress.com.cn
　　网址　http://www.ptpress.com.cn
　　北京九州迅驰传媒文化有限公司印刷
◆ 开本：800×1000　1/16
　　印张：19.25
　　字数：455 千字　　　　　　　　2014 年 7 月第 1 版
　　印数：4 901 – 5 300 册　　　　 2019 年 8 月北京第 5 次印刷
　　著作权合同登记号　图字：01-2012-6487 号

定价：45.00 元（附光盘）

读者服务热线：(010)81055410　印装质量热线：(010)81055316
反盗版热线：(010)81055315

前　言

Adobe Fireworks 是一款专业级图像处理软件，集矢量和位图处理功能于一身。之所以使用独特的图像处理方法，是由于 Adobe Fireworks 旨在让用户能够创建和处理屏幕图形，以供 Web 或诸如移动应用程序和 Adobe Flash 等基于屏幕的工具使用。Adobe Fireworks 让用户能够快速、轻松地创建、编辑和修改图形和设计方案，是一款高效的工具。

随着 Adobe Fireworks CS6 的推出，该软件作为一款独特的、快速创建原型的应用程序而逐渐被人们熟知。自从面世至今，Adobe Fireworks 始终秉承着固有的灵活性以及"保留所有内容的可编辑性"的理念。在创建模型和原型的过程中，客户的想法或设计方案可能会频繁改变，因此这种灵活性非常重要。Adobe Fireworks 具有诸如多页面、Photoshop 集成、CSS3 属性提取以及 jQuery Mobile 工作流的特性，这使得它成为必不可少的设计工具。

关于经典教程

本书是 Adobe Systems 公司和众多专家联合出品的 Adobe 图形和出版软件官方培训系列之一。读者可按自己的节奏阅读并学习其中的课程。如果是使用 Adobe Fireworks 的新用户，那么将从中学到掌握该程序所需的基本概念和功能；如果是有 Adobe Fireworks 使用经验的用户，那么会发现本书介绍了很多高级功能，其中包括使用最新版本创建 Web 和应用程序原型的提示和技巧。每门课程都提供了完成特定项目的具体步骤，同时给读者提供了探索和试验的空间。读者可按顺序从头到尾地阅读本书，也可根据兴趣和需要选读其中的课程。每课的结尾都有复习题以及对该课讲解的内容总结。

本书内容

本书讲解了 Adobe Fireworks CS6 新增的众多功能，如 CSS3 属性提取、jQuery Mobile 主题和改进的属性面板、公用库、模板以及样式面板。

第 1 课概述了 Adobe 应用程序界面，读者可以学习如何根据自己的工作流程配置 Fireworks 中的面板和文档窗口。在后续课程中，读者还可以学习如何编辑位图图像和矢量路径以便创建 Web 界面、如何创建和编辑元件（这是一项功能强大的 Fireworks 功能）以及在创建平板应用程序的线框图或高保真的网站原型文件时如何使用快速原型工具，如主页、共享层、页面与状态面板、样式和公用库元件等。此外，读者还可以领略优化 Web 图像的技巧，学会在文件大小与图像质量之间探索平衡之道。

深入阅读本书的课程，读者将发现 Fireworks 提供了许多省时、省事的功能，如批处理、导入和导出等。另外，读者还将学习如何将 Fireworks 与其他 Adobe CS6 应用程序（如 Photoshop 和 Bridge）结合使用。

最后，读者将把 Fireworks 的功能全部学完，如 CSS3 属性提取面板等。读者还将学会如何使用 jQuery Mobile 主题命令来定制相应的站点，并将知道这两个专注于移动应用的功能如何在 Dreamweaver 上运行自如。

必须具备的知识

要使用本书，读者应能熟练使用计算机和操作系统，包括如何使用鼠标、标准菜单和命令以及打开、保存和关闭文件。如果需要复习这方面的知识，可以参阅有关 Windows 或 Mac 操作系统附带的文档。

安装 Adobe Fireworks

使用本书前，应确保系统设置正确并满足软件和硬件方面的系统需求。需要 Adobe Fireworks CS6 软件，但本书没有提供软件安装程序。如果还没有购买，可从 www.adobe.com/downloads 下载一个 30 天试用版的安装程序。有关安装该软件的系统要求和详细说明，可以参阅安装 DVD 中或 www.adobe.com/support 的 Adobe Fireworks CS6 Read Me 文件。

Fireworks 和 Bridge 必须分开安装。安装 DVD 中的应用程序必须安装到硬盘上，不能在 DVD 上直接运行。安装时要按照屏幕上的指引操作。如果选择不安装 Adobe Bridge，将来也可以回到 Fireworks 的安装 DVD 中，找到这个软件并重新安装。

安装该应用程序前，务必确保可获得序列号。

启动 Adobe Fireworks

可以像启动大多数软件应用程序那样启动 Fireworks。

在 Windows 中启动 Adobe Fireworks：

选择"开始" > "所有程序" > "Adobe Fireworks CS6"。

在 Mac OS X 中启动 Adobe Fireworks：

打开文件夹 Applications/Adobe Photoshop CS6，再双击 Adobe Fireworks CS6 程序图标。

复制课程文件

本书配套光盘包含课程中需要用到的所有文件。每个课程都有一个单独的文件夹，学习这些课程时，必须将相应的文件夹复制到硬盘中。为节省硬盘空间，可以只复制当前学习的课程所需的文件夹，并在课程完毕后将其删除。

要复制课程文件，可执行如下操作：

1. 将配套光盘插入光驱。

2. 浏览光盘内容并找到文件夹 Lessons。

3. 执行如下操作。

- 要复制所有的课程文件夹，将 Lessons 文件夹直接拖放到硬盘中。

- 要复制特定的课程文件夹，首先在硬盘中新建一个文件夹并将其命名为 Lessons。然后，打开配套光盘中的文件夹 Lessons，将要复制的课程文件夹拖放到硬盘中的 Lessons 文件夹中。

目　录

第 14 课　高级主题 281

第 **1** 课 了解工作区

课程概述

在本课中，读者可以快速熟悉 Adobe Fireworks CS6 的界面，同时将学习如下内容：

- 建立新文档；
- 绘制矢量形状；
- 熟悉工具面板；
- 使用属性面板修改选定对象的属性；
- 定制工作区；
- 打开现有的文档；
- 在选项卡视图下使用多个文档；
- 合并不同文件到一个文档里；
- 存储文件。

 　学习本课需要大约 60 分钟。如果还没有将文件夹 Lesson01 复制到硬盘中为本书创建的 Lessons 文件夹中，那么现在就要复制。在学习本课的过程中，将会覆盖初始文件；如果需要恢复初始文件，只需从配套光盘中再次复制它们即可。

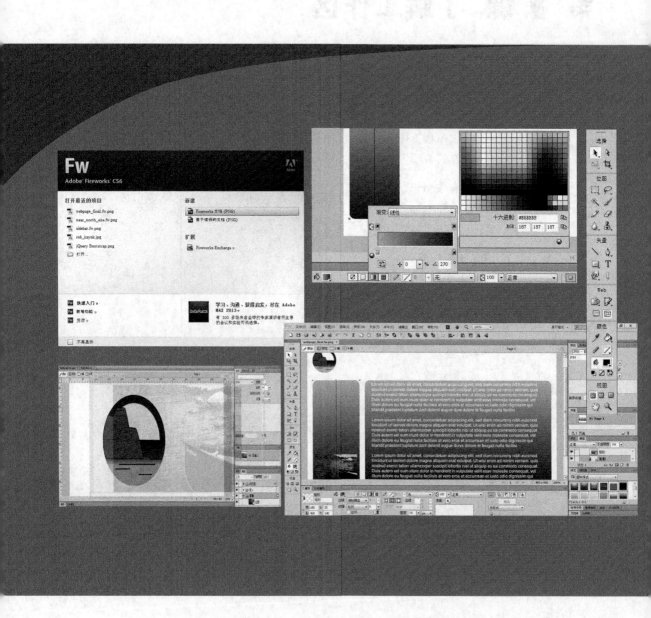

Fireworks 的界面与 Adobe Photoshop、Adobe Dreameweaver、
Adobe Flash、Adobe Illustrator 和 Adobe InDesign 相同，这让
用户能够轻松地从一款应用程序切换到另一款应用程序，同
时也不会感到困惑。

熟悉 Adobe Fireworks

Fireworks 是一款创造性的制作工具，使用这种工具时，有时最艰难的任务是确定从哪里着手，而本书可以为此提供帮助。下面首先新建一个文档，并在此过程中介绍软件界面。读者完成本节的练习时，可以参考图 1.3 和图 1.4 所示查看 Fireworks 界面的主要组成部分。

1. 启动 Fireworks。

2. 在欢迎界面的"新建"部分，单击"Fireworks 文档（PNG）"，如图 1.1 所示；如果修改了首选参数，使得启动时不显示欢迎界面，那么选择菜单"文件">"新建"即可。

图1.1

3. 将文档的宽度设置为 960 像素，高度设置为 600 像素，保留分辨率和画布颜色的默认设置 72 像素 / 英寸和白色，再单击"确定"按钮，如图 1.2 所示。

图1.2

注意：Fireworks 自带一些已经设计好的模板，当然，用户也可以创建自定义模板。有关模板方面的更多内容，可以参阅第 13 课。

关闭"新建文档"对话框，并在 Fireworks 工作区中打开一个新的空白文档，如图 1.3 所示。

主工具栏（仅限 Windows）　　　　应用程序栏（主菜单、滚动和缩放工具、工作区切换器和帮助搜索文本框）　　　　文档窗口

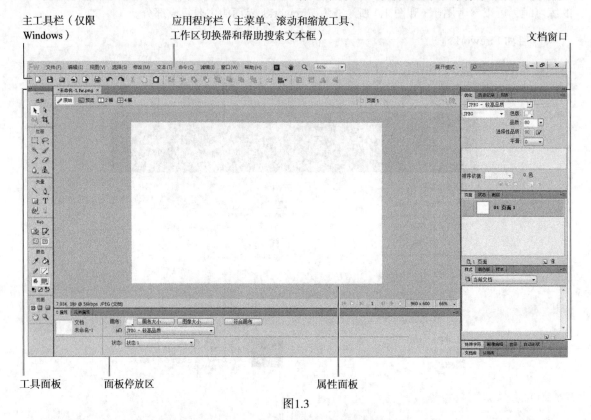

工具面板　　　面板停放区　　　　　　　　　　　属性面板

图1.3

在 Windows 中，Fireworks 的默认工作区由顶部的应用程序栏和主工具栏、左边的工具面板以及下边的面板停放区打开的面板组组成。用户打开多个文档时，系统默认在一个文档窗口的多个选项卡中显示它们，但可将选项卡从文档窗口中拖曳出来使其成为独立的浮动文档窗口。

默认情况下，Mac 界面与 Windows 界面的组织方式稍有不同。Mac 版本的工作区界面与其相似，但应用程序栏和菜单栏是分开的，且没有主工具栏，所有的面板都包含在一个浮动的面板停放区内。在 Windows 中，属于同一个应用程序的所有面板和窗口都包含在一个矩形框架内，以便将与其同时打开的其他应用程序分开。框架内的区域不透明,完全遮住了位于后面的应用程序窗口。

 注意：Fireworks 的用户界面与 Adobe Illustrator、Adobe Photoshop 和 Adobe Flash 的用户界面极其相似，因此学会在其中一个应用程序中使用工具和组织面板后，便知道如何在其他应用程序中使用它们。

在 Mac 版本的 Fireworks 中，可启用默认禁用的应用程序框架，从而获得与 Windows 中相

似的行为。要启用应用程序框架，可选择菜单"窗口">"使用应用程序框架"（或使用快捷键Control/Command + F）。然而，在 Mac 中，菜单栏总是位于屏幕顶部且不能移动，因此它并非应用程序框架的一部分，如图 1.4 所示。

菜单栏

应用程序栏

桌面

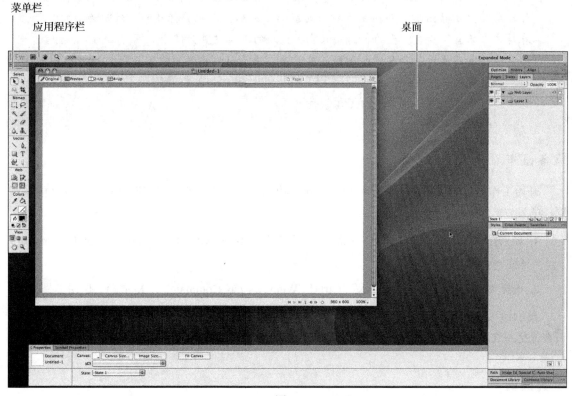

图1.4

无论是在 Windows 还是 Mac 中，多个文档默认总是在选项卡视图下打开。此时只有活动文档或选项卡可见。如果要编辑或查看其他打开的文档，只需单击它的选项卡即可将其置于最前。如果要并排显示文档，只需将选项卡拖离标签栏，文档即可位于独立的浮动文档窗口中。用户也可以平铺或层叠方式排列大量文档，以便同时查看多个文件。在 Mac 中，要使用这个功能，必须启用应用程序框架。

选择正确的分辨率

像素/英寸（ppi）原本是一种只与印刷领域相关的度量单位。但随着高分辨率平板设备日益普及，ppi也身负重任。处理屏幕图形时，用户关心的是像素尺寸（640×480或760×420等）。Fireworks默认使用的分辨率为96ppi（在Mac中，默认为72ppi），一般能满足使用需求，除非是制作诸如iPhone4或黑莓Playbook之类的更高分辨率设备所专用的图形。

如果要使用Fireworks处理印刷项目，应向印刷厂商咨询最适当的分辨率。对印刷而言，通常应使用300ppi的分辨率。然而，需要注意的是，Fireworks的强项在于处理屏幕显示的图形，而非用于打印的图形。例如，不能将标尺的单位改为英寸，在屏幕上只有像素是重要的，因此只能将标尺的单位设置为像素。同样，Fireworks不能分辨也不使用CMYK颜色和打印机配置文件，因此最终的作品不能精确打印。

现在新增的优点是Fireworks支持PDF导出，因此如果想将设计方案打印出来以便向客户展示，那么其结果的可预测性更高。

准备画布

开始工作前，建议用户先设置（激活）几项功能。这几项功能会在有新文档被打开之前保留同样的设置。

1. 如果标尺不可见，选择菜单"视图" > "标尺" [Ctrl + Alt + R（Windows）或 Command + Option + R（Mac）]。

2. 选择菜单"视图" > "工具提示" {Ctrl+[（Windows）或 Command+]（Mac）}，启用工具提示。

显示标尺有助于在画布上对齐对象，这在作品变得复杂时尤其有帮助。通过启用工具提示，可在光标所在的位置显示有关当前工具的额外信息。

工具面板

工具面板可使用户根据要处理或创建的图形对象快速找到合适的工具，如图 1.5 所示。

选择工具让用户能够选择、裁剪以及缩放或扭曲对象，主要的选择工具为指针工具（ ）。

位图工具用于编辑或新建位图对象。用户可使用多个位图选取工具（如魔术棒或选取框）来选取位图；用户可使用橡皮图章工具（也叫仿制工具）进行基本的照片编辑，还可对位图图像中的像素进行选择性地锐化、模糊、减淡、加深或涂抹；使用刷子工具或铅笔工具可绘制位图对象。唯一需要注意的是，不能使用位图工具来修改矢量对象。

矢量工具让用户能够创建或编辑矢量路径和形状。读者会在第一个练习中看到，在画布上绘制矢量形状非常容易。可使用钢笔工具创建自定义形状或路径。需要特别说明的是文本工具（ ），虽然有些用户没有认识到，但文本实际上是矢量，在 Photoshop、Microsoft Word、Fireworks 和众多其他应用程序中都是如此。当然，矢量工具不能用于编辑位图对象。

图1.5

Web 工具集不大，但包含两个非常重要的工具，它们是 Fireworks 的中流砥柱，让用户能够创建交互式文档以及优化用于 Web 的图形。用户可使用热点工具创建超链接等交互功能，还可再上一层楼，使用切片工具创建交互式视觉效果（如图像变换或 Tap 事件）。另外，使用切片工具还可针对 Web 优化特定的图形元素，确保不同文件格式、质量或尺寸的图形能优质结合。其他两个工具在画布上显示 / 隐藏 Web 组件。

颜色工具让用户能够指定笔触色和填充色。Fireworks 根植于矢量领域，因此不像诸如 Photoshop 等位图编辑软件那样，它没有提供前景色和背景色等选项。用户可使用滴管工具在桌面的任何地方采集颜色，还可使用油漆桶和渐变工具填充位图选区。另外，用户可交换笔触色和填充色，还可将笔触色和填充色设置为默认值。

最后是视图工具。用户可在 3 种视图之间切换，即标准屏幕模式、带有菜单的全屏模式和全屏模式（菜单和面板都不可见）。视图工具集的底部是缩放工具和手形工具。另外，可按 F 键在 3 种视图模式之间切换。

此处建议用户花点时间到处查看一下，观察各种工具。

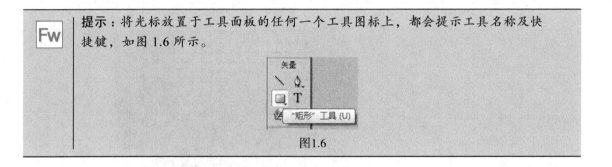

Fw 提示：将光标放置于工具面板的任何一个工具图标上，都会提示工具名称及快捷键，如图 1.6 所示。

图1.6

隐藏的工具

仔细查看工具面板中的图标，会发现多个图标的右下角有一个小三角形，这表明该图标后面隐藏了其他工具。要显示并选择隐藏的工具，可在图标上长按鼠标。

在矩形工具图标上按住鼠标时，将看到如图 1.7 所示所有 Fireworks 提供的常见矢量形状的列表。在该列表中，前 3 个形状为基本形状（矩形、椭圆和多边形）；分隔线下面的形状是一类特殊的矢量，称为自动形状，它们由 JavaScript 控制，适合用于创建众多常见且复杂的矢量形状，而不要求用户有很高的绘图技巧。可以尝试在文档中绘制一个椭圆。

图1.7

什么是基本形状

　　"基本形状"的定义与众多3D建模应用程序中相同，即可用于派生其他形状的几何形状或表达式。换句话说，Fireworks基本形状工具能够让用户创建自己的形状。

绘制矢量形状

　　在任何Fireworks项目中，创建形状都是重要的组成部分。画布是可视工作区，延伸到画布外面的对象看起来像被裁剪掉，但图像信息并未丢失；只要将对象拖进画布，便可显示整个对象。

1. 在工具面板的"矢量"部分选择矩形工具。

2. 在工具面板中，单击"颜色"部分的填色框（它左边有一个小型油漆桶）以设置矩形的填充色。填充色指的是对象内部的颜色，如图1.8所示。

3. 光标将变成吸管形状，单击并在弹出的拾色器中选择浅灰色（十六进制值为#BBBBBB），如图1.9所示。选择颜色后，拾色器将自动关闭，而选择的颜色将显示在颜色框中。

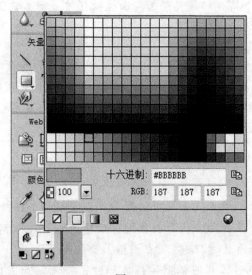

图1.8　　　　　　　　　　　　　　　　　　　图1.9

4. 将光标移到画布上，可以看到有一个小型灰色气泡，其中显示了 x 坐标和 y 坐标。这是工具提示功能在发挥作用，它以像素为单位准确地指出了光标的位置。

5. 按住鼠标并往右下方向拖动至少100像素。工具提示将随鼠标一起移动，即时显示鼠标拖动所形成矩形的尺寸。

6. 看到坐标显示大概100×100像素后，松开鼠标。

松开鼠标后，矩形仍处于选中状态（Fireworks画布上多数选定对象的周围都有蓝色边框，且每个角上都有小型控制框）。矩形是一个特殊的编组矢量对象，因此在选中矩形时，并不能看到蓝色边框。第 2 课将更详细地介绍对象编组。

保存文件

进一步做其他工作前，最好保存工作成果。

1. 选择菜单"文件">"保存"。

2. 切换到文件夹 Lesson01。

3. 将文件名设置为 webpage.fw.png。

4. 单击"保存"按钮。

 注意：用户也可选择菜单"文件">"另存为"进入完整的"另存为"对话框。Fireworks 在"另存为"对话框上有更多文件格式供选，包括 JPEG、GIF、拼合 PNG 及 Photoshop PSD 等。

调整矩形尺寸数值

用户可使用缩放工具或指针工具等多种方法调整对象的尺寸。要精确到像素，需对属性面板中的尺寸区域及坐标位置进行调整。

1. 把光标置于属性面板的宽度栏上。

2. 选中宽度数值，修改为 180。

3. 按 Tab 键，切换到高度栏，修改数值为 400。

图1.10

4. 再次按 Tab 键，切换到 X 域，这个数值控制对象与画布左端的距离。

5. 修改数值为 20。

6. 按 Tab 键，切换到 Y 域，设定数值为 140，如图 1.10 所示。

调整矩形四角的圆度

矩形是一个特殊的矢量对象，所以用户只需一个操作，即可对矩形 4 个角的圆角半径进行对称性调整。现在就来试一试。

1. 选中属性面板上的圆度域，将数值由 0 修改为 20，如图 1.11 所示。

这样就使矩形边缘变成了四个圆角，快而简单。

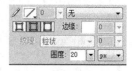

图1.11

创建及自定义矩形副本

1. 确保矩形处于选中状态（可检查 4 个角是否有蓝色控制框）。若矩形未处于选中状态，使用指针工具（位于工具面板左上角）选中它。

2. 使用快捷键 Ctrl+Shift+D（Windows）或 Command+Shift+D（Mac）。尽管看起来不明显，此时已为原矩形创建了一个副本。

3. 此时副本不在活动状态，选择指针工具，向右平行拖曳矩形副本，此时矩形顶部会出现一条红色虚线。此线为智能辅助线，可帮助用户将相关联的对象互相对齐或与画布对齐。仔细观察，智能辅助线使矩形副本与原矩形顶部对齐。如果用户拖曳矩形副本至过高或过低，辅助线则消失。只要拖曳矩形副本在原矩形顶部 3 ~ 5 像素以下的范围内，副本就会对齐辅助线。

4. 拖曳矩形副本，直到 X 域数值显示或接近 220，如图 1.12 所示。这个数值不必精确，在前面的练习中已经讲解了使用属性面板来调整图形的位置及像素值。

5. 如果拖曳矩形无法使其处于 X 为 220 像素的位置，也可设定属性面板的 X 域数值来调整。

6. 在宽度栏里修改矩形副本宽度为 720 像素。

图1.12

7. 保存文件，可使用快捷键 Ctrl+S（Windows）或 Command+S（Mac）。

Fireworks PNG格式

　　与众多应用程序一样，Fireworks也有其本机格式——修改的PNG格式，让用户能够使用该程序的所有创造性选项。当用户添加效果、图层或页面时，Fireworks PNG文件将存储相应的信息，让用户能够随时打开并轻松编辑文件。

　　然而，这可能让新用户感到迷惑，因为还有一种标准的拼合PNG格式，该格式适用于众多图形应用程序。保存文件时，Fireworks在弹出菜单"另存为"的"保存类型"中使用"Fireworks PNG"和"拼合PNG"来区分这两种版本。选择"保存"，Fireworks将默认保存为本机格式，而不给出保存格式的选项。

　　对于含可编辑对象的图像文件，Fireworks CS6在PNG文件扩展名前增加了.fw扩展名。用户保存编辑完的文件时可注意到这一点。.fw扩展名是可更改的，只在用户将包含可编辑元素的文件"保存"或"另存为"时出现。

　　尽管.fw扩展名在文件名中无足轻重，但在分辨可编辑的本机Fireworks PNG文件及拼合PNG文件时它大有用处。事实上，几年来已有不少Fireworks设计师使用.fw扩展名为其可编辑PNG文件做标志。

使用属性面板

属性面板是上下文敏感面板，因此它将随用户在画布上选定的对象而异。用户选择不同的工具时，属性面板将更新，并显示当前工具的可编辑属性。

正如读者在本课第1节中看到的，使用工具面板很容易找到并添加一个矩形以及修改其填充色。

选择形状后，用户可在属性面板中修改众多的其他矢量属性。

1. 选择工具面板左上角的指针工具（ ）。

2. 单击画布中左边的矩形以选择它。

3. 在属性面板中，单击"渐变填充"图标，如图1.13所示。矩形的填充色将变成默认的线性渐变，并打开渐变编辑器，用户可设置渐变的颜色。图中垂直长线名为"渐变控制手柄"，其作用是调整渐变的长度、位置及角度。渐变上方的不透明滑块（小黑框）控制着渐变的不透明度，渐变下面的样本让用户能够修改或添加颜色。

图1.13

4. 单击最左边的色标，如图1.14所示，使用滴管工具选择灰色（十六进制值为#BBBBBB）。

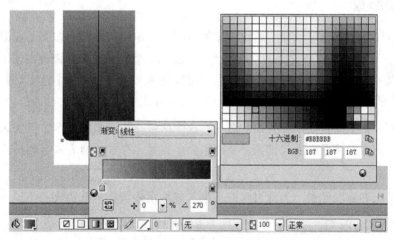

图1.14

5. 单击右边的色标，修改颜色为深灰色（十六进制值为#333333）。

6. 完成后，单击编辑渐变弹出窗口的外面以关闭该窗口。另一个矩形需要相同的操作步骤，与其逐步重现，用户不妨使用"粘贴属性"功能以节省时间。

7. 在主菜单上选择"编辑">"复制"，此时应确保小矩形仍处于选中状态。

8. 使用指针工具，选中大矩形。

9. 选择"编辑">"粘贴属性"，此时大矩形的填充色与小矩形一致。

10. 再次保存文件，可使用快捷键Ctrl+S（Windows）或Command+S（Mac）。

注意:要添加其他颜色,可在渐变条下方直接单击,再为新的颜色样本指定颜色。可以尝试其他填充类别,但尝试完毕后务必恢复到黑白渐变。

注意:在渐变编辑器中,通过单击"反转渐变"按钮可快速反转渐变方向。

属性面板快速填充

Firework CS6的属性面板使一些功能更为浅显易用。前面已经提到为矢量形状添加渐变填充色是如何简便,此外属性面板还提供了4个快捷按钮。用户可以选择这4个按钮(自左至右是无填充、实色填充、渐变填充和图案填充,如图1.15所示),对矢量对象进行快速填充。

图1.15

配置面板和面板组

用户总是试图在计算机显示器上腾出更多的空间。无论用户屏幕有多大(或设计人员的屏幕有多大),设计人员总是希望有更大的空间用于设计作品。默认情况下,面板占据了很大一部分的界面,用户可以通过自定义设置省下一些空间。面板是帮助用户对文档中选定对象或元素进行编辑的控件,每个面板都可拖动,让用户能够以自定义的方式将面板编组。

默认情况下,很多面板显示在界面的右边,这个区域称为面板停放区。停放区包含一系列面板或面板组,它们通常按垂直方式排列。要腾出更多空间,一种快捷方式是调整停放区中面板的大小。

可将面板编组和解除编组,为此可将面板拖入或拖出停放在屏幕边缘的面板组。

首次启动 Fireworks 后,停放区默认处于展开模式。在这种模式下,每个面板组中位于最前面的面板都被完全展开,让用户能够看到其所有选项。要折叠面板组,可单击(在 Mac 中双击)其灰色标签栏的空白区域,如图 1.16 所示。

在应用程序栏中,工作区切换器指出了当前的工作区配置。通过选择其他工作区,可快速缩小停放区的宽度。

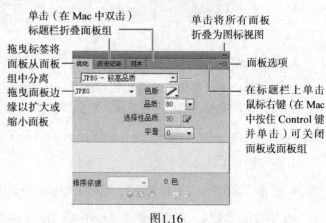

图1.16

1. 从工作区切换器中选择"图标模式",如图 1.17 所示。所有面板都将折叠,而停放区变窄,只显示面板图标。

2. 单击任何面板图标,相应的面板组将展开,而选定面板将处于活动状态,如图 1.18 所示。

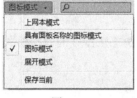

图1.17   图1.18

3. 单击活动面板的标签(或双箭头图标),面板组将恢复到折叠状态。

4. 将光标指向其他图标以显示工具提示,从而获得图标表示的是哪个面板。

5. 从工作区切换器中选择"具有面板名称的图标模式"。在这种设置中,停放区的面板组更宽,但没有在默认的"展开模式"下那么宽。如果想腾出更多的桌面空间,但又不清楚各种工具图标表示的功能,则这种工作区可能是最合适的。

 提示:折叠属性面板,只需双击标签栏的空白区域。再次双击则取消折叠。

 提示:也可双击停放区顶部的深灰色条来快速折叠停放区。

定制面板布局

除使用现成的预置工作区外,用户还可根据自己的工作方式配置工作区。为提高工作速度,可根据需要排列面板和面板组,这很容易。例如,有些设计人员喜欢能够同时看到页面面板和图层面板,下面将页面面板从其当前所属的面板组中分离出来。

1. 切换到展开模式。

2. 将页面面板的标签拖曳到当前面板组的上方，这将出现一个用蓝色突出显示的放置区，如图 1.19 所示。

3. 松开鼠标，页面面板将位于独立的面板组中，该面板组位于包含图层面板和状态面板的面板组上方。

4. 将状态面板的标签拖放到图层面板标签的右边，注意交换它们的位置非常容易。

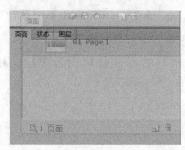

图1.19

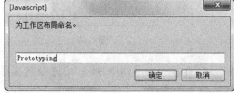

注意：通过在菜单"窗口"中选择相应的面板名，可访问 Fireworks 的所有面板。在某些情况下，面板漂浮在工作区中。

创建自定义工作区

用户可保存适合自己工作方式的工作区配置，以便能够快速从预置的紧凑模式切换到双屏幕模式或包含最常使用的面板自定义面板视图。

要创建自定义工作区，可根据需要设置面板。

1. 打开工作区切换器。

2. 选择"保存当前"，将打开如图 1.20 所示的对话框，可以给新工作区布局命名。

图1.20

3. 给工作区命名后单击"确定"按钮；如果不想保存配置，可单击"取消"按钮。保存工作区后，它将出现在工作区切换器中。

删除自定义工作区

创建自定义工作区很容易，但要删除它却不那么容易。Fireworks界面没有提供删除自定义工作区的途径。用户可覆盖工作区，方法是首先修改面板设置，再使用原来的名称保存新工作区，但该工作区将保留下来。

要删除自定义工作区，Windows用户需要进入文件夹Application Data\Adobe\Fireworks CS6\Commands\Workspace Layouts，Mac用户则进入 ~/Library/Application Support/Adobe/Fireworks CS/Commands/Workspace Layouts/（~ 表示用户个人文件夹），并将与自定义工作区相关联的JSP文件和XML文件删除。

提示：注意在 Mac OS Lion 操作系统里，资源库文件夹（不是用户资源库，而是硬盘的主资源库）是对用户隐藏的。要让它显示，可以打开菜单"前往"＞"前往文件夹"，然后输入路径"~ /Library"，然后单击"前往"。

使用多个文档

结束本课前，再介绍一下 Fireworks CS6 的文档窗口功能。Fireworks 有多种方式可访问打开的文档窗口，了解如何自定义访问，如在文件间拖动对象，可使工作流更流畅。当打开了多个文件时，文件的文档窗口将以选项卡方式排列，让用户能够轻松地访问。

1. 选择菜单"文件">"打开"，并切换到配套光盘中的文件夹 Lesson 01 中。

2. 按住 Ctrl（Windows）或 Command（Mac）键并单击以选择文件 canoe.jpg 和 logo.fw.png。

3. 单击"打开"按钮。如果没有修改首选参数的默认设置，这两个文件将在 Fireworks 中打开，用户可单击文档窗口顶部的选项卡访问相应的文件，如图 1.21 所示。

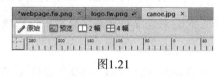

图1.21

创建浮动的文档窗口

选项卡式文档窗口的工作原理与选项卡式面板相同，用户可通过拖曳调整选项卡的排列顺序，甚至可将选项卡拖出选项卡栏，使其对应的文档窗口变成浮动的。

1. 在选项卡 canoe.jpg 上按住鼠标，并通过拖曳将其与其他选项卡分开。松开鼠标后，它将变成浮动状态，独立于其他文档窗口。

但文档排列选项对其仍管用。

2. 将文件 logo.fw.png 拖曳到主文档窗口右边，直到面板停放区和文档窗口之间出现蓝线，与拖曳页面面板时效果一致，如图 1.22 所示。为了看起来效果更明显，用户拖动的窗口同时会半透明显示。

图1.22

3. 松开鼠标后，将有两个停放的文档窗口。用户可以用这种方式停放任意数量的文件。选项
   卡式文档可以在浮动的窗口中，也可以在停放的窗口中。

4. 选择文件 logo.fw.png 并将其选项卡拖曳到 canoe.jpg 所属的窗口中。

5. 移动文件到选项卡栏中，选项卡栏突出显示为蓝色，表示可将文件和 canoe.jpg 选项卡一同
   放置，如图 1.23 所示。

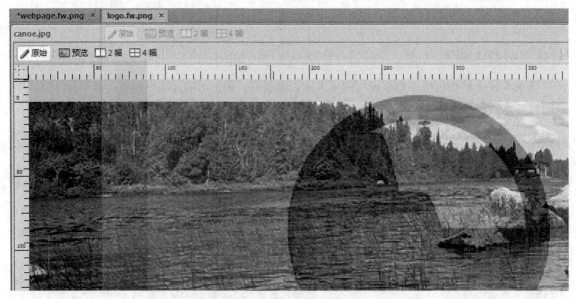

图1.23

6. 松开鼠标后，文件将与另一个文档窗口以选项卡的形式相邻。

在浮动窗口之间拖放

将文件 webpage_final.fw.png 与其他两个文件分开后，很容易将独木舟和 logo 图像拖放到网
页设计文件的画布上。对于任何需要将不同文件上的元素进行合并的设计，本小节将讲解清晰的
流程。

1. 选择工具面板左上角的指针工具（黑色箭头）。

2. 单击选择 logo.fw.png 文件中的图稿，并将其拖曳到网页设计文件中。

3. 将该图像放在左上角附近。图像稍有圆角矩形重叠，暂时不作考虑。

4. 松开鼠标。

5. 切换到文件 canoe.jpg，并使用指针工具将独木舟拖曳到网页设计文件中并放置到左边中央的附近。不考虑是否重叠。

6. 单击文件名左边的关闭按钮，关闭独木舟和 logo 的文档窗口。弹窗确认是否保存，选择"不保存"。此时 webpage_final.fw.png 文件展开，铺满整个工作区桌面区域。

 提示：在 Fireworks 中，选中画布上的对象则默认为可直接操作它。而在 Photoshop 中则必须手动设置才可直接选中后操作。

 注意：Fireworks 能够无缝地在处理矢量和位图图稿之间切换，但是读者可能没有意识到 logo.fw.png 文件是一个矢量对象。

缩放对象

现在将使用缩放工具，辅以工具提示功能，来调整这个新图像的尺寸。

1. 使用指针工具单击选中 logo 图像。

2. 选择缩放工具（），此时 logo 图像边上会出现一个定界框。

3. 单击定界框右下方的角，往上拖曳，直至工具提示显示宽度与高度都为 90 像素。

4. 松开鼠标，按 Enter 键以锁定尺寸转化。

5. 使用属性面板，通过调整数值将 logo 图像在画布上往右、下方各移动 20 像素；也可使用指针工具直接拖曳图像到指定位置。

6. 使用缩放工具，将独木舟的宽度调小至 160 像素。不论操作哪一个边角，选中的对象都会按比例进行缩放。

7. 在定界框内双击，或按 Enter 键以锁定尺寸。

8. 选择指针工具，将独木舟图片的坐标拖曳到 X 为 30、Y 为 420 的位置。工具提示会如常随时提示坐标数值，也可以直接修改属性面板上的数值以臻精确。

添加占位文本

接下来将在大矩形上添加一些占位文本，以示本课的完整。首先，使用文本工具设定文本选项。然后，使用"命令"菜单添加文本。

1. 在工具面板上选择文本工具（）。此时属性面板更新，显示文本工具的属性选项。

2. 在字体系列的下拉菜单里，选择 Arial。

3. 设定文本大小为 16 像素，如图 1.24 所示。

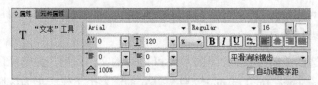

图1.24

4. 单击填色框，在拾色器中选择白色，设定文本颜色为白色。（选择实色填充，因为拾色器可能保留了工具上一次使用的属性。）

除填充色和笔触色外，Fireworks 会保留这些文本属性。用户下一次选择文本工具时，属性面板会呈现之前的文本操作中设定的值。

填充色和笔触色依赖于矢量工具而工作（记住，文本是矢量对象），因此如果用户创建或编辑一个形状并修改了填充属性，那么新的数值就会覆盖掉先前文本属性保留下来的填充色和笔触色属性。

设定就绪，现在可以添加文本了。

5. 选择菜单"命令" > "文本" > "Lorem ipsum"，如图 1.25 所示。

此时画布上会出现一个文本域，域内显示一段文字。

6. 使用指针工具，将文本域位置调整至 X 为 240、Y 为 150。

图1.25

当文本域处于活动状态，可以看到有一个表示文本域尺寸的蓝色定界框。方框 4 个角和 4 条边线中间都有控制手柄，如图 1.26 所示。

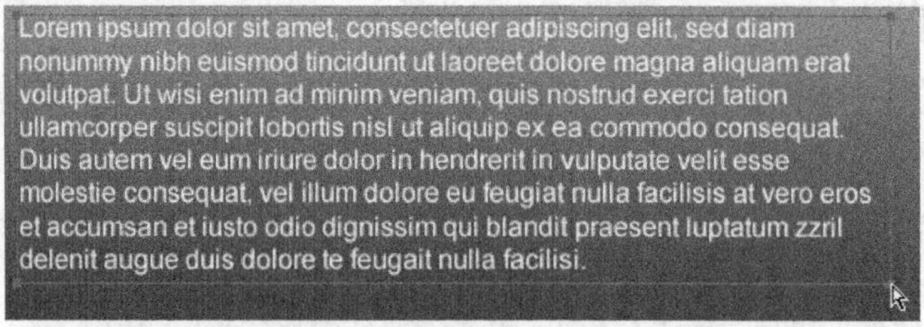

Lorem ipsum dolor sit amet, consectetuer adipiscing elit, sed diam nonummy nibh euismod tincidunt ut laoreet dolore magna aliquam erat volutpat. Ut wisi enim ad minim veniam, quis nostrud exerci tation ullamcorper suscipit lobortis nisl ut aliquip ex ea commodo consequat. Duis autem vel eum iriure dolor in hendrerit in vulputate velit esse molestie consequat, vel illum dolore eu feugiat nulla facilisis at vero eros et accumsan et iusto odio dignissim qui blandit praesent luptatum zzril delenit augue duis dolore te feugait nulla facilisi.

图1.26

7. 使用指针工具，往右拖曳右下方的控制手柄，将文本域宽度调为 680 像素。也可以在属性面板的 W 域对宽度进行微调。

8. 在文本域内双击，鼠标指针会变成文本状态的 I 型光标。

9. 单击并拖曳文本，选中全部文本。

10. 使用快捷键 Ctrl+C（Windows）或 Command+C（Mac），复制选中的文本至剪贴板。

11. 将光标放置于文本最后并按 Enter 键两次，进行换行。

12. 使用快捷键 Ctrl+V（Windows）或 Command+V（Mac），把复制的文本段落粘贴下来。

13. 按 Enter 键两次，再次粘贴文本段落，填充矩形区域。

14. 保存文件。完成之后，将成果与图 1.27 作比较。

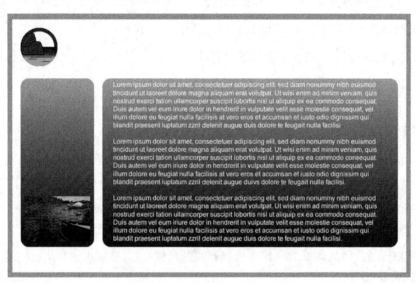

图1.27

撤销操作

对图像处理软件而言，撤销操作都是一项非常重要的功能。Fireworks提供了两种撤销操作的方式。撤销无疑是一种靠得住且熟悉的方法。

- 要撤销最后一项操作，可使用快捷键 Ctrl + Z（Windows）或 Command + Z（Mac）。还可以使用快捷键 Crl+Z 或 Command+Z 多次将进一步向后恢复到文档的历史记录状态。

- 使用快捷键 Ctrl + Y（Windows）或 Command + Y（Mac）将重做撤销的最后一项操作。

还有另一种方法，是使用历史记录面板。在面板组中选择历史记录面板或选择菜单"窗口">"历史记录"。拖曳历史记录滑块（面板左边）将按时间逆序显示历史记录，向下拖曳滑块可往前查看每一步。默认最多能撤销20步历史操作记录。用户可在首选参数面板设置这个数字（本书稍后会详解），但为维持程序稳定，推荐不超过50步。

复习

复习题

1. 工具面板有何用途？

2. 如何折叠面板？为何要这样做？

3. 如果在工作区中找不到所需的面板，如何打开它？

4. 在设计过程中，属性面板有何用途？

5. 如何快速添加占位文本？

复习题答案

1. 所有的选取、编辑和创建工具都位于工具面板中。无论是裁剪和缩放图像、修饰和创建矢量对象还是添加交互式元素，一切都是从工具面板开始的。

2. 要折叠面板，可选择其他工作区或单击面板组顶部的暗灰色条。这将在工作区中腾出大量的空间，让用户能够看到作品的更大部分，而无需缩小视图。

3. 要打开面板，可从菜单"窗口"中选择相应的名称,也可按面板的快捷键(菜单"窗口"中列出)。

4. 属性面板是一个上下文敏感面板，其中的选项随当前选择的工具和对象而异。属性面板让用户能够在方便的地方轻松地修改工具和对象的属性。

5. 要插入一段 Lorem ipsum 占位文本，选择菜单"命令" > "文本" > "Lorem ipsum"即可。文本的属性默认与上一次属性面板的设定相同。

第 **2** 课 重要的工作流程工具：页面面板、状态面板和图层面板

图层是 Fireworks 中最重要的工作流程和设计工具。简单地说，它们可以在文档中加入结构。

在本课中，读者将学习如下内容。

- 导入新页面；
- 创建新图层；
- 创建子层；
- 调整图层的堆叠顺序；
- 重命名图层；
- 保护图层和对象；
- 访问图层选项；
- 编辑状态的内容。

学习本课需要大约 90 分钟。如果还没有将文件夹 Lesson02 复制在硬盘中为本书创建的 Lessons 文件夹中，那么现在就要复制。在学习本课的过程中，将会覆盖初始文件；如果需要恢复初始文件，只需从配套光盘中再次复制它们即可。

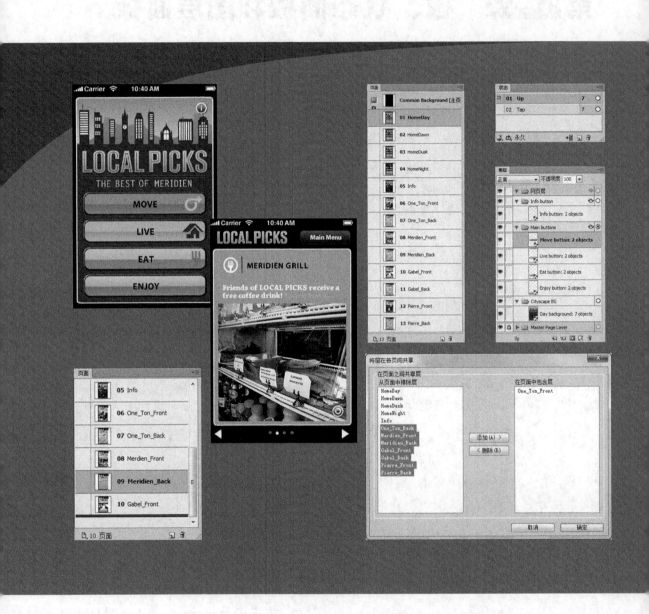

理解页面、图层和状态之间的关系是需要掌握的最重要的
Fireworks 概念。它们可以在文档中加入结构。

页面、图层和状态概述

Fireworks 文档可包含多个页面、图层和状态。在最简单的情况下，新建的 Fireworks 文档最初只有一个页面（页面 1）、一种状态（状态 1）和两个图层（网页层和层 1）。

页面

可在文档中添加多个页面，这意味着可在一个 Fireworks 文件中创建和存储大小和分辨率不同的多个设计。

这可大大提高工作效率，因为为一个项目做的多种设计可存储在一个文件中。例如，用户可在一个文件中模拟整个网站或智能手机、平板应用程序设计的水平或垂直布局，然后使用热点或切片将页面链接起来，让用户能够以完全交互的方式进行测试和概念验证。

每个页面都可包含多个图层和状态。图 2.1 所示为页面面板。

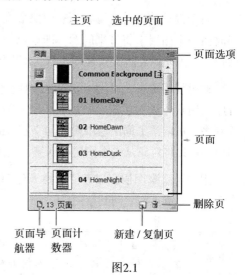

图2.1

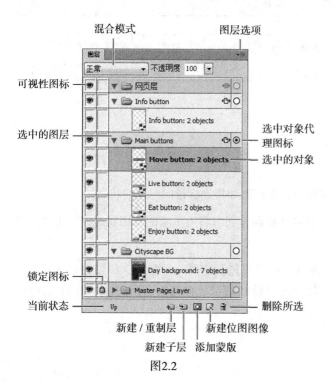

图2.2

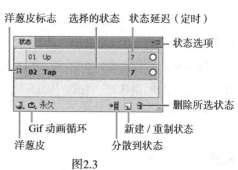

图2.3

图层

使用图层可帮助用户管理对象、将对象编组、指定哪些对象可见以及对象的堆叠（叠加）顺序。每个图层都可包含多个位图对象、矢量对象和文本对象，如图 2.2 所示。

对于简单的设计，可将所有对象放在一个图层中。随着在设计中不断添加对象，将所有内容都放在一个图层中将带来问题，即难以找到特定的图像或文本区域，因为必须在很长的列表中滚动查找。因此，要将文档管理妥当变得更困难。

通过使用图层，可让相应的设计对象彼此独立，如图 2.3 所示。正确地使用图层可让文档组织有序。用户可添加或删除图层或图层中的对象，而不影响设计中的其他元素。通过修改图层的堆叠顺序，可调整不同图层中对象的交互方式。调整图层的堆叠顺序后，对象的叠加方式也将改变。用户还可以将对象从一个图层移到另一个图层。

用户可隐藏图层，以方便选择或处理其他对象；还可锁定图层以免无意间选择它。用户还可在不同状态或页面之间共享图层。

注意：通过将特殊对象（切片或热点）添加到特殊图层（网页层）中，可以控制状态的交互性。无论如何处理文件，都不能删除网页层。要了解有关切片和热点的更多内容，请参阅第 11 课和第 12 课。

注意：网页层和常规图层都可以包含子层，使用子层有助于更好地管理文档。本课将讲解有关子层的更多内容。

状态

状态有如下几种用途。

- 创建基于帧的动画。

- 显示对象的不同状态，如网站导览按钮的正常状态和将光标指向它时的状态。

- 根据用户的操作控制对象的可视性。例如，指向按钮时将显示新的按钮状态，单击该按钮将在页面的其他地方显示新内容。

每个页面至少包含一种状态。不需要交互性的设计可能只需要一种状态。如果需要交互性或动画，则要添加新状态。在选中的页面上，指定的每种状态都可描绘每个图层中对象的可视性、效果和位置。

概述

在本课中，读者将编辑一个智能手机应用程序的模型，对另一个美工创建的模型中的图层进行处理并添加页面，以及新建状态以创建 Tap 事件。

1. 在 Fireworks 中，选择菜单"文件">"打开"，并选择文件夹 Lesson02 中的文件 localpicks_320x480_start.fw.png。

2. 单击"打开"按钮，该文件如图 2.4 所示。

在第 1 课中，读者已经学会将页面面板与状态面板、图层面板独立开，这个布局在接下来的步骤中会有帮助。

3. 选择页面面板。如果必要，将面板停放区中的页面面板的底部向下拖曳，以便能够看到全部页面。

4. 在页面清单上选择第 2 个页面，注意画布中的图像变了。选择一个页面后，将在画布中看到该页面的内容。

通过将页面拖曳到其他页面的上方或下方，可以改变文档中页面的顺序。

5. 将页面 09 Meridien_back 拖曳到页面 Meridien_front 的下方，如图 2.5 所示。这将页面排成更适合完成下一个练习的顺序。

要调整页面在文档中的排列顺序，拖曳页面往上或往下移动即可。

> **Fw** 注意：调整页面顺序时，相关的页面序号也会随之改变。默认情况下，Fireworks 根据页面的堆叠顺序，从上向下自动修改页面编号。要不显示编号，可从页面面板菜单中选择"编号"，如图 2.6 所示。

图2.4

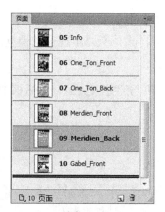

图2.5

图2.6

导入页面

下面在这个模型中添加页面。确保选中的页面还是 Merdien_back。

1. 选择菜单"文件">"导入",选择文件 localpicks_320x480_restaurants.fw.png。

2. 单击"打开"按钮,将出现"导入页面"对话框,如图 2.7 所示。要导入的文档包含 4 个页面,要预览它们,可使用对话框顶部的下拉列表或预览图像下方的导航按钮。需要先导入页面 Gabel_front,以此确保当前显示的是该页面。

图2.7

3. 选中复选框"在当前页之后插入",如图 2.8 所示。这将在打开的文件中新建一个页面,而不是将该页面导入到当前活动的页面中。

4. 单击"插入"(Windows)或"打开"(Mac)。

5. 将出现一条警告消息,询问是否要覆盖现有样式;单击"忽略"按钮,如图 2.9 所示。因为这两个文件包含相同的样式,所以出现这条消息。样式是预先创建的各种特殊效果的组合,可添加到矢量图形中。

这添加了一个新页面,其名称与"导入页面"对话框中的相同,如图 2.10 所示。

图2.8

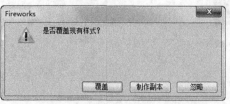

图2.9

图2.10

6. 如果页面 Gabel_front 没有被选中，选中它。

7. 重复第 1 步 ~ 第 5 步，这次导入页面 Gabel_back。

8. 在餐厅文件上重复第 1 步 ~ 第 5 步，导入最后两个页面。确保在进行导入之前，上一次操作的页面处于活动状态。

9. 选择菜单"文件">"另存为"，将该文件命名为 localpicks_320x480.fw.png。

Photoshop和包含多页的Fireworks文件

虽然可以将Fireworks文档存储为Photoshop文件（PSD），但这只存储当前活动的页面，因为Photoshop无法在一个文档中包含多个页面。

如果需要返回到Photoshop，可执行下列操作之一。

- 将页面导出到文件：选择菜单"文件">"导出"，再在"导出"下拉列表中选择"页面到文件"。这将根据每个页面的第一种状态生成一个拼合的 PNG 文件。

- 存储为 Photoshop 文件：选择菜单"文件">"另存为"，并从"另存为类型"中选择 Photoshop。这将根据当前选择的页面和状态生成一个可编辑的且包含图层的 Photoshop 文件。

Doug Hungarter编写了免费扩展Convert Pages to PSD，让用户能够将Fireworks文档中所有的页面导出为独立的PSD文件。要了解有关该扩展的更多内容，可以访问AdobeExchange，其网址为www.adobe.com/cfusion/exchange/index.cfm?event=extensionDetail&loc=en_us&extid=1849527#。

 注意：Fireworks 包括基本的"Photoshop 动态效果"，以便用户可以在 Fireworks 中继续编辑 Photoshop 图层样式，但"Photoshop 动态效果"对话框没有 Photoshop 中的"图层样式"对话框功能那么强大。

创建主页

主页是一项很有用的工具，它将同一设计模型中常用的设计元素共享到模型内所有页面及新建页面上。尽管使用主页对包含常用元素的多页面设计来说很省时，它却不常被需要（或被作为首选）。这一节，读者将指定一个主页，以处理公用元素（智能手机顶部的状态栏及手机屏幕底部的不活动页面索引标识）。

1. 选择页面 Background elements（编号为 01）。

2. 单击右键（Windows）或按住 Control 键再单击（Mac）页面，进入页面面板选项。

3. 选择"设置为主页"，如图 2.11 所示。

将页面设置为主页后，它在页面面板上的样子会稍有不同。会发现没有页面编号了，页面标签名增加了"[主页]"后缀。左侧增加了一个极小的图标，表示该页面为主页，如图2.12所示。

4. 选中其他所有页面。此时除主页外，所有页面呈选中状态。

5. 滚动到图层面板底部，可以看到Fireworks新建了一个"主页层"图层，如图2.13所示。主页层默认加入本设计模型的每一个页面中，显示于图层面板底部，且为锁定状态。用户不能直接解锁主页层以编辑对象。如需修改主页元素，必须在页面面板上选中主页本身，才能编辑主页的对象。

图2.11

图2.12

图2.13

6. 保存文件。

页面面板选项

与Fireworks中的众多面板一样，页面面板也有包含很多选项，可用于配置面板、添加页面或子页面、为页面编号、导出页面以及指定选中的页面为主页面。此外，通过设置"缩略图选项"，用户可增大页面缩略图，以方便识别页面。要访问页面面板的选项，可在任何页面上单击鼠标右键（Windows）或按住Control键并单击（Mac），也可单击面板的右上角以打开页面面板菜单。

在这些选项中，通过选择"缩略图选项"，可增大缩略图以方便识别页面。

要了解关于如何使用主页的内容，可以参阅第10课、第11课和第12课。

Fw | 提示：要了解有关页面以及在页面之间创建链接的更多内容，请参阅第10课。

处理图层及对象

在本节和下一节中，将继续处理文件 localpicks_320x480.fw.png，目的是让它有条理为独立对象及图层命以有意义的名称，以便在图像中查找及选择元素。调整图层的堆叠顺序，以使图层在视觉上更有组织层次。从"共享图层到页面"的功能学到一些能为工作流省时的提示。

命名对象

创建 Fireworks 作品时，随着设计进程推进，设计对象的数量可能大量增加。有些对象的大小可能微乎其微，尤其是在做应用程序设计时，从图层面板的缩略图上极难辨别。用户将光标指向独立对象时，Fireworks 将红色高亮显示它们。这表明当前位置是一个独立对象，用户可通过单击选择它。用户可通过给对象命名，以便自己辨别它们，现在就来试试看吧。

1. 选择页面 HomeDay，然后通过单击图层面板的标签切换到图层面板。

2. 为增大图层面板并减少滚动，双击其他面板组中面板名旁边的灰色区域，将这些面板组折叠起来，如图 2.14 所示。

3. 选择画布右上角的红色图标。

Fireworks 会在图层面板上突出显示选中的图层。

4. 在图层面板中，双击呈突出显示的对象名——不具描述性的"组合：2 对象"。

5. 将名称改为 Info button：2 对象，如图 2.15 所示。

图2.14

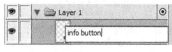
图2.15

6. 在图层面板上，单击"Info button"下面的对象。注意看画布，Move 按钮 4 个角以蓝色的小方块突出显示。

7. 在图层面板上双击它的名称，并将其重命名为 Move button：2 对象。

8. 对其他对象重复以上过程（后面 3 个按钮以及背景组合）。可在画布上选择对象或直接在图层面板上单击它选中，按从上到下的顺序对其进行如下重命名，如图 2.16 所示。

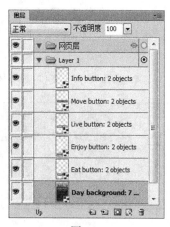
图2.16

- Live button：2 对象

- Enjoy button：2 对象

- Eat button：2 对象

- DayBackground：7 对象

重新排列图层中的对象

注意选中 Enjoy 按钮时，它在图层列表的位置和在画布上图像的按钮上下顺序不同。为了使图层面板和画布上的对象位置保持线性一致，下面对图层面版的图层进行重新排列。

1. 在图层面板中，选择对象 Eat button。

2. 将该对象向上拖曳到 Enjoy button 对象之上，会看到 Enjoy button 和 Live button 间出现一条黑色粗线，如图 2.17 所示。

3. 松开鼠标，此时对象的堆叠顺序与画布上图像的按钮顺序一致，如图 2.18 所示。

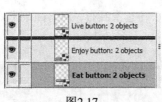

图2.17

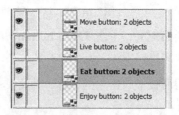

图2.18

4. 选择菜单"文件" > "保存"保存目前的工作成果。

> Fw **提示：**将对象拖曳到图层最前有些棘手；如果需要将其放在最前而未能做到，尝试剪切、粘贴。将对象剪切下来 [Ctrl+X（Windows）或 Command+X（Mac）]，选中图层中另一个对象，然后粘贴 [Ctrl+V（Windows）或 Command+V（Mac）]。粘贴对象会被置于选中对象上方。

添加图层并命名

现在设计更组织有序了。为了让该文件更组织有序，下面在 HomeDay 页的图层面板中添加一个图层。

1. 单击图层面板底部的"新建 / 重制层"按钮，如图 2.19 所示。新图层"层 2"出现在当前图层上面。
2. 在图层面板中，双击新图层"层 2"，并将其改为 Main buttons。
3. 在图层"Main buttons"上再创建一个新图层，并命名为 Info button。
4. 双击原来的"层 1"，将其重命名为 Cityscape BG，结果如图 2.20 所示。

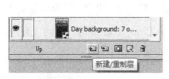

图2.19

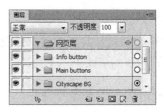

图2.20

将对象从一个图层移到另一个图层

创建新图层后，便可使用内容填充它。

1. 单击图层 cityscape BG 中的 Info button 缩略图对象。
2. 拖曳对象到空白图层 Info button 的顶部，松开鼠标。

可以通过这种方法移动一个或多个对象。

3. 在图层面板选中 Move button。
4. 按住 Shift 键并单击 Enjoy button，这将选中图层面板中 Main buttons 中 4 个对象。

对象被选中时，除了图层面板突出显示外，还会有一个提示图标。用户可在图层名的右侧看到一个看似单选按钮的提示图标。

5. 将选定的对象拖放到图层 Main buttons 中：将图层 Cityscape BG 的单选按钮拖放到图层 Main buttons 的单选按钮上，如图 2.21 所示。

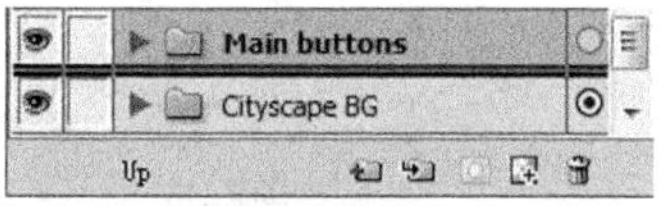

图2.21

现在，所有内容都放在页面的一个图层中，设计就更加组织有序了。其他页面的工作大部分已经事先完成了，不过要完成这个模型，接下来还得继续。

> **FW** 注意：也可剪切选定的对象，选择另一个图层，再粘贴这些对象；还可单击对象（或一系列选定的对象）并将其拖放到另一个图层中。

> **FW** 提示：要选择不相邻的对象，可按住 Ctrl（Windows）或 Command（Mac）键并单击它们。

共享图层到页面

读者在设计模型中创建了主页以对所有页面共享公用元素。然而，主页有时过于死板。用户希望能更灵活地只选择性地共享到若干页面。

当用户有设计内容需要出现在多个页面而非全部页面的同一位置时，可使用省时的"共享图层到页面"功能。一般来说，用户可能会从页面上复制设计内容粘贴到其他页面上，这会影响工作效率；另外，粘贴的位置未必完全一致，切换页面时对象像在跳动。若需要修改其中的对象，用户必须逐页面修改对象。

更高明的解决方案就是共享图层到页面。用户可在单独的共享图层中编辑对象，改动会即时同步到所有应用该图层的页面上。下面马上试试，共享 One_Ton_front 页面上的元素。

1. 选中图层 Coupon background。打开图层选项菜单，单击图层面板右上角的按钮，如图 2.22 所示。

2. 在图层选项菜单上，选择"将层在各页间共享"，如图 2.23 所示。弹出"将层在各页间共享"对话框，如图 2.24 所示。

图2.22

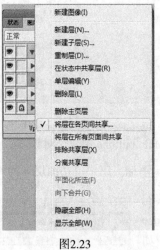

图2.23

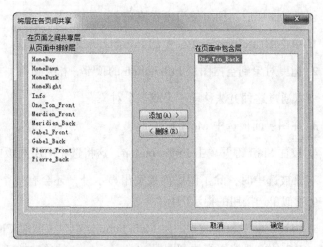

图2.24

3. 在对话框左边栏中，选择 One_Ton_Back 页面。

4. 按住 Shift 键，选择左边栏列表的最后一项，Pierre_Back 页面。

5. 单击"添加"按钮以将选中页面移至右边栏，如图 2.25 所示。

6. 单击"确定"按钮。

现在在各页面间切换，可看到页面有了变化，但仍有些问题，即所有的餐厅页面都被背景元素遮住了，如图 2.26 所示。

图2.25

图2.26

当共享图层至其他页面时，Fireworks 会自动将图层加到最前一层。这才出现了状况，还好，这很容易修复。

7. 选择 One_Ton_Back 页面。

8. 向下拖曳面板底部边缘，或收起其他面板组，以展开图层面板。

9. 向下拖曳共享图层（Coupon background），当主页层和图层 Location Dot 之间出现一条黑色粗线时，松开鼠标。

10. 在其他餐馆页面上重复这个操作。

11. 保存文件。

共享 Main buttons 与 Info button 图层到页面

这几个页面显示，应用程序虽然在一天中的不同时间有不同界面，但还是有若干公用元素。下面再做一个练习，共享这些按钮图层。

1. 选择 HomeDay 页面。

2. 在图层面板上，选择图层 Main buttons。单击右键（Windows）或按住 Control 键并单击（Mac）图层，选择"将层在各页间共享"。

3. 在编辑对话框中，选择这些页面，即 HomeDawn、HomeDusk 和 HomeNight。

4. 单击"添加"按钮，然后单击"确认"按钮。

这一次的图层默认直接加入页面顶部，不需要用户进行图层顺序的修复。

5. 选择 HomeDay 页的图层 Info button，单击右键（Windows）或按住 Control 键并单击（Mac），选择"将层在各页间共享"。

6. 在编辑对话框中，选择这些页面，即 HomeDawn、HomeDusk、HomeNight 和 Info。

当图层被共享，图层面板图层名右侧会显示一个新图标，如图 2.27 所示，用户可以辨别哪些图层与其他页面共享。

图2.27

7. 单击"添加"按钮。

8. 保存文件。

现在主要的界面页面右上角都有 Info 按钮了。做完这几个步骤，这个文件更加组织有序了。

创建子层

　　在较复杂的文件中，为添加更多的层次结构，可使用子层来管理相关的内容。在读者正处理的文件中，已经完成了子层的创建。可以观察一下，选择任何餐厅页面，展开图层Coupon。看到图层Coupon里有多个子图层，且包含它们自己的设计元素。
　　要创建子层，先要选中一个主图层。
1. 单击图层面板底部的"新建子层"按钮在图层 Content 中添加一个子层，子层会以母图层为名，再稍作扩展。

2. 创建、拖曳或粘贴新内容到子层上，就如处理一般的图层一样。

Fw | 提示：可在图层面板中单击图层名旁边的三角形，轻松地展开或折叠图层。

保护图层

通过锁定图层，可避免不小心选择或删除其中的对象。

1. 选中 HomeDay 页面。

2. 单击图层 Main buttons 的锁定栏，如图 2.28 所示。锁定栏就在图层名的左边。

3. 展开图层 Main buttons，注意每个对象旁边都有一个不那么明显的挂锁，如图 2.28 所示。

4. 尝试选择图层中的对象，将以失败告终，因为它们都被锁定了。

也可只保护特定对象而非整个图层。

5. 在图层面板中，在图层 Main buttons 上单击鼠标右键（Windows）或按住 Control 键并单击（Mac）。从上下文菜单中选择"解除全部锁定"。

6. 锁定对象 Eat button。

7. 将光标指向画布上的 Move 按钮，将出现红色高光，表明可选择这些对象。

8. 将光标指向 Eat 按钮，没有出现红色高光，因为这些对象被锁定。

图2.28

9. 单击图层面板上 Eat button 名旁边的锁定图标，或在选项菜单里再次选择"解除全部锁定"，解除对 Eat button 的锁定。

10. 保存文件。

图层面板选项

　　图层面板包含许多上下文选项，可用于配置面板、添加图层或子层以及指定图层如何与Fireworks设计中的其他页面或状态交互。

　　要访问图层面板的选项，可在任何图层上单击鼠标右键（Windows）或按住Control键并单击（Mac），也可单击面板的右上角（▤）以打开图层面板菜单。

　　在其他选项中，用户可以启用"单层编辑"。启用这个选项将限制在画布上选中对象，用户将只能选中当前活动图层上的对象。要选中其他图层上的对象，必须先在图层面板上选中对象的母图层。一般只有在设计复杂的多图层模型时才用得上这个配置，推荐平时保留默认的禁用状态。

　　通过选择"缩略图选项"，可增大缩略图以方便识别图像。

使用状态

　　状态是 Fireworks 的重要部分，可用来模拟网站交互性（变换图像效果和 Ajax 仿真）或显示应用程序将如何随用户操作而发生变化。状态可能包括截然不同的内容，也可能只指出了对某些元素的修改。一个按钮在另一种状态中，可能有光晕或阴影效果。

　　前面处理的文件 local_picks 是一个智能手机应用程序的模型。为了显示当用户将光标指向或单击该应用程序的特定区域时将发生的情况，需要添加一个单独的状态。这个设计仍旧处于早期阶段，还需使用切片和热点添加交互性——将在 HomeDay 页面中添加一种状态以呈现单击效果。

Fw 注意：也可创建简单的、基于状态的动画，并可以输出为 GIF 动画或栅格化 SWF 文件。

复制状态并命名

页面的另一种状态和原状态界面基本一致，但有差别部分。为将这些必要的部分加入另一种状态，最简单的方法是复制现有状态的界面。

1. 单击状态面板的标签。

2. 将状态 1 拖曳到状态面板底部的"新建 / 重制状态"按钮上，如图 2.29 所示。这将复制状态 1，包括所有素材和图层结构。

3. 双击状态 2 并将其重命名为 Tap。

4. 将状态 1 重命名为 Up。

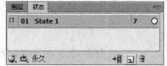

图2.29

修改状态的内容

下面修改 Info 按钮的 Tap 状态。

1. 选择图层面板。

当前选择的状态显示在图层面板的左下角。

2. 单击 Up 状态按钮并从弹出的下拉列表中选择状态 Tap，如图 2.30 所示。

3. 在画布上使用指针工具选择 Info 按钮。

Info 按钮上应用了若干效果（渐变填充、笔触色与阴影），但这些效果没有显示在属性面板上。事实上，Info 按钮是一组对象的组合，所以使用指针工具并不能进入独立对象的属性。可以取消组合，但下面要通过部分选定工具进入组合。

图2.30

4. 选择部分选定工具（ ）。

5. 将部分选定工具指向 Info 按钮，注意到组合中的两个对象分别突出显示。

6. 选取圆形，如图 2.31 所示。

此时属性面板显示这个矢量对象的属性。

7. 单击渐变填色框，编辑渐变。

8. 单击"反转渐变"图标，如图 2.32 所示，修改渐变的方向。

9. 在图层面板上来回切换两种状态，看一个微小的改动如何影响对象的显示。

图2.31

图2.32

Fw 注意：要学习更多有关 Web 切片和优化图形方面的内容，参阅第 10 课。要学习更多有关状态和交互性方面的内容，参阅第 11 课和第 12 课。

练习

作为一名 Web 设计师或交互性设计人员，将经常使用这些 Fireworks 元素，因此做些练习是个不错的主意。试试研究多个图层和对象，看能否通过重命名来使管理更组织有序。在那几个按钮上再实验一下，把 Tap 状态的显示换个样子。试试修改填充色或填充类型等。不要忘记，那些按钮也是组合对象。

把图层 Navigation 放到 One_Ton_Front 页面上并分享图层到另外那些餐厅页面上。记得去查看图层 Navigation 在其他页面的堆叠顺序，必要时做出调整。

复习

复习题

1. 图层有何用途?

2. 每个 Fireworks 文档都包含什么特殊图层?

3. 指出使用页面的两个好处。

4. 如何在图层之间移动对象?

5. 状态有何用途?

复习题答案

1. 图层在文档中添加结构。

随着在设计中不断添加对象,找到特定的图像或文本区域将变得越来越困难,因为必须在很长的列表中滚动查找。通过将对象放在多个图层中,可快速折叠图层以了解主要的设计结构,还可展开图层以选择特定对象。通过使用图层,可让对象彼此独立。用户可添加或删除图层或图层中的对象,而不影响设计中的其他元素。通过修改图层的堆叠顺序,可调整不同图层中对象的交互方式。

2. 每个 Fireworks 文档都包含一个网页层,用于放置交互式对象(切片和热点)。用户并非一定要在设计中使用网页层,但不能将其删除。

3. 通过使用页面,可在一个文件中创建多种设计。这改善了素材管理,因为给项目做的多种设计可存储在一个文件中。还可使用热点或切片将页面链接起来,让用户能够以完全交互的方式进行测试和概念验证。

4. 在图层面板中,可以用以下多种方式移动对象。

- 剪切选定对象并将其粘贴到其他图层中。

- 将选定对象从一个图层拖放到另一个图层。

- 选择图层中的一个或多个对象,再将原始图层的单选按钮拖放到目标图层上。

5. 状态可用于创建基于帧的简单动画或显示交互性元素(如按钮)的外观变化。状态还可在同一个页面中显示完全不同的内容。

第**3**课　处理位图图像

课程概述

在本课中，读者将学习如下内容：

- 使用各种方法裁剪图像；
- 使用属性面板设置选定工具的选项；
- 在 Fireworks 中导入位图图像；
- 使用各种位图工具和滤镜调整位图图像的亮度、对比度和色调；
- 使用橡皮图章工具校正图像；
- 使用对齐面板在画布上对齐对象。

　　学习本课需要大约 90 分钟。如果还没有将文件夹 Lesson03 复制到硬盘中为本书创建的 Lessons 文件夹中，那么现在就要复制。在学习本课的过程中，会覆盖初始文件；如果需要恢复初始文件，只需从配套光盘中再次复制它们即可。

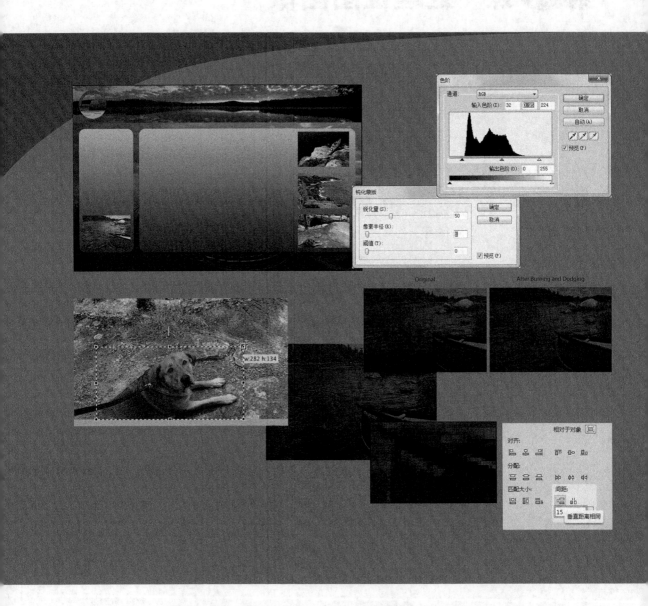

　　每个人都喜欢外观漂亮且拥有专业级界面的网站，Adobe Fireworks
为用户创建和编辑用于网站、移动应用程序的位图图像提供了
一组可靠的工具。

位图图像概述

人人都喜欢浏览好看的、组织有序的网站，喜欢专业的设计界面。任何高效的网站或应用程序都是由位图图像搭建而成的，而 Fireworks 提供了一系列可靠的创建及编辑位图的工具。如果用户了解一些关于位图结构的知识，使用这些工具将更加高效。

在计算机图形终，位图（或称光栅图形图像）是由有限的像素矩形网络组成的，这些像素带有特定的颜色，位于网络中特定的位置上。位图图像存储于各种格式的图像文件中，如 JPG、PNG、TIFF 和 GIF 等。位图的像素数量是在其被截屏时或创建时决定的。

位图的特征是图像的宽度与高度（如 600×400 像素）和每像素的位数（即色彩深度，决定位图可用的颜色数）。对 Web 页面来说，用户一般使用每像素包含 32 位、24 位或 8 位的图像。例如，8 位图像最多能显示 256 种不同的颜色。GIF 图像和 8 位 PNG 图像文件就是极好的例子。JPEG 文件是 24 位图像，可显示 16 万种颜色。一个全色的透明性 PNG 文件有 24 位颜色（所以看起来和拍照一样真实）及 8 位透明通道，允许半透明图像或投影混合背景图像或背景颜色。

和真实的矢量图像不同，光栅图形依赖于分辨率存在。这就意味着不可能在不损失图像质量的情况下将其放大到较高的分辨率。相反，矢量图形可随意放大而不损失图像质量。在 100% 的缩放比例下，一般看不到位图图像上的像素。只有将位图图像在不正确的分辨率下打印出来，或是在屏幕上放大图像，位图上的像素才会变得明显，区别如图 3.1 所示的独木舟图像及放大的船舷。

图3.1

分辨率和文件大小

图像分辨率与文件大小直接相关。图像包含的像素越多，文件就越大。这里说的不是打印图像的物理尺寸，而是图像包含的像素数以及它如何与图像的储存和下载相关。例如，很多新相机拍摄的照片水平方向包含 4000 个像素，垂直方向包含 3000 个像素（甚至更多），这种分辨率的图像共总包含 1200 万像素，文件为大约 40MB。

拍摄分辨率越高，文件将越大。

换个角度想，从未见过网站使用 4000 像素宽的图片，哪怕是网页的背景图像也不会如此巨大。

文件大就意味着下载到电脑或移动设备上需要更长的时间，这可不仅是考验用户的耐心；对带宽的消耗要费钱，尤其是使用手机套餐的时候。网页设计师经常需要在文件大小和图像质量间取得平衡和取舍。这个话题在第 10 课还会深入探讨。

图像分辨率和图像品质

分辨率和品质是两个不同的概念，高分辨率图像的质量不一定很好，其原因可能是被扫描的原件质量不高，也可能是数码相机的图像压缩设置太高。分辨率指的是图像实际包含的像素数，而不是图像的实际品质。

处理位图的技巧

高品质图形是众多专业级网站的核心资产。Fireworks中的图像编辑和布局工具让用户能够完成大部分位图处理工作，而无需离开该应用程序。

虽然如此，用户还应牢记如下两点。

在Fireworks中，可创建的画布最大为6000×6000像素。在该程序中，可处理更大的文件，但能创建的最大图像为6000×6000像素。

Fireworks用来处理用于屏幕显示的图形，在这方面，其速度和灵活性确实值得称道。在Fireworks中，用户可打开并处理分辨率非常高的图像，但速度将变得极其缓慢。另外，不应同时打开多个这样的文件。

裁剪图像

裁剪是一种删除多余细节的常见方式，让用户能够将重点放在图像的特定部分。裁剪通过摒弃多余的图片内容，能让图片尺寸变小，以便存储及下载。在本节中，读者将删除一张照片周围的细节，将重点放在照片的主角上。

1. 选择菜单"文件" > "打开"，选择硬盘中文件夹 Lesson03 中的文件 marley.jpg，再单击"打开"按钮。

2. 选择工具面板中的裁剪工具（ ）。

3. 在狗周围单击并拖曳裁剪工具光标，狗周围出现定界框，如图 3.2 所示。

4. 按 Enter 键裁剪图像。

裁剪边缘看起来离狗太近了，周围的内容已经全部丢失了，下面撤销该操作。

5. 按 Ctrl+Z（Windows）或 Command+Z（Mac）撤销裁剪操作。

6. 确保仍选择了裁剪工具，重新拉制裁剪框。这一次从图片底部狗出现的位置处单击，往右上方拖

图3.2

曳裁剪工具光标。把图片左边的空白区域和顶部的树木上半部分排除在裁剪框外，如图 3.3 所示。

图3.3

7. 按 Enter 键提交裁剪。这一次看起来好多了。

8. 将文件保存为 marley_cropped.jpg，并关闭文件。

裁剪设计中的单幅位图图像

裁剪单幅独立的图像很方便，但如果要裁剪设计中位于层中的图像该怎么办呢？ Fireworks 也提供了完成这种任务的功能。如果启用工具提示（菜单"视图" > "工具提示"），还能精确到像素。

1. 打开文件夹 Lesson03 中的文件 webpage_start.fw.png。

这个文件被操作过，图层面板上添加了一个新图像，对象都被有序地放置。操作之前，仔细观察图层面板。注意到图像内容都被有逻辑地放在了图层组里：header、content、footer 和 background。

2. 双击应用程序栏的"缩放级别"，改为 150%。

3. 使用指针工具，单击画布，选择日出图像。

4. 选择菜单"编辑" > "裁剪所选位图"，日出图像周围将出现裁剪标记。

5. 拖曳顶部的裁剪标记，使得工具提示显示高度值 h 为 150。

6. 拖曳底部的裁剪标记，使得工具提示显示 h 为 120，如图 3.4 所示。

7. 按 Enter 键提交裁剪，如图 3.5 所示。

图3.4

图3.5

8. 保存文件。

> **Fw** | **注意**：在裁剪框的每个角上以及每条边的中央都有小方框，它们是控制手柄，让用户能够在提交裁剪前修改裁剪尺寸。

> **Fw** | **提示**：如果改变了主意不想裁剪图像，可按 Esc 键取消裁剪操作。

管理画布中的图像

在 Fireworks 中，当画布上有多个图像或对象时，用户可以用各种方式处理这些图像，从多选对象、显示和隐藏对象到调整对象的位置并将其组合以简化对象管理。在大多数设计工作流程中，经常需要执行下一节将要提到的操作。

调整日出图像的位置

上一节裁剪完图像之后，日出图像显然不在一个正确的位置。读者此时进行的是 Web 页面设计，因此像素精确度举足轻重。对网页的 CSS 来说，图像的尺寸和 x、y 坐标位置必须严格控制。此类模型设计的目标是做出能精确模拟最终 HTML 网页成品的原型。下面使用几种方式调整图像的位置。

1. 使用指针工具选择日出图像。

2. 按向上箭头键移动该图像，图像将每次向上移动 1 像素。

3. 按住 Shift 键，再按向上箭头键，这将每次移动 10 像素。

4. 光标指向对齐面板（菜单"窗口" > "对齐"），单击"相对于画布"图标，如图 3.6 所示，对象会相对于画布对齐。

5. 单击"顶对齐"图标，如图 3.7 所示，日出图像会往顶部对齐。

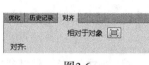

图3.6 　　　　　　　　　　　　　　　　　　　图3.7

6. 保存文件。

 提示：也可在属性面板中输入新的数值，以调整选定对象的位置。

隐藏和锁定对象

随着越来越多元素添加到画布，用户可能会在操作画布时无意选错对象或将对象添加至错误的图层。为避免此类情况，下面要锁定一些元素。

1. 在图层面板中，找到图层 header。

2. 在图层面板中，通过单击眼睛图标旁边的空框锁定 header。

3. 锁定图层 footer 及图层 background，锁定对象可避免不小心选中它。

接下来的小节中，读者将处理图层 content，所以 content 不能被锁定。但是圆角矩形需要锁定，才能避免被意外选中。

4. 在图层 content 中找到 canoe、mainContent 和 sidebar 3 个对象，单击眼睛图标旁边的空框将其锁定。

使用辅助线

在本小节中，读者将使用辅助线帮助准确指定将要导入的缩略图像在画布中的位置。在画布上对齐和放置对象时，辅助线很有帮助。

1. 如果标尺不可见，选择菜单"视图">"标尺"。

2. 将光标指向窗口左边的标尺，如图 3.8 所示。

3. 单击并向右拖曳，将看到一条垂直辅助线。另外，辅助线旁边还有工具提示，其中包含 x 值（如果没有看到工具提示，请选择菜单"视图">"工具提示"），它指出了垂直辅助线的水平位置。

4. 当工具提示中的 x 值接近 700 时松开鼠标，辅助线将出

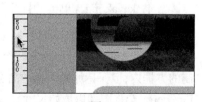

图3.8

现在该位置。

　　用户对齐多个对象时，辅助线精确的位置读数十分重要。如果手动拖曳辅助线无法获得准确像素位置，Fireworks 提供"移动辅助线"对话框以供控制。

5. 光标指向辅助线，出现一个双向箭头，如图 3.9 所示，双击辅助线，以打开"移动辅助线"对话框。

6. 在对话框中修改原值为 750，单击"确定"按钮，如图 3.10 所示。辅助线移动到指定位置。

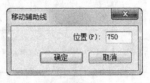

图3.9　　　　　　　　　　　　　　　图3.10

7. 从顶部的标尺拖曳出一根水平辅助线，并将它放在左侧标尺的 150 处。

导入图像

　　要将现有图像加入到设计中，一种非常快捷的方式是将其导入到画布中。导入图像时，可在将其加入画布时按比例进行缩放。导入图像主要有 4 个好处。

- 用户可按需要的设计空间调整图像尺寸。
- 用户无须另外处理文档窗口。
- 用户可省下从新窗口复制或拖曳图像以粘贴或放置到目标文档的麻烦。
- 用户导入多页面 Fireworks PNG 文件时，可选择要导入的页面。

　　下面将以导入图像的方式，在 mainContent 的矩形顶部添加新的缩略图。

1. 将视图调至 100%，如图 3.11 所示，为此可使用工具面板中的缩放工具，也可使用应用程序栏中的"缩放级别"下拉列表。

2. 在图层面板选择图层 content。

3. 选择菜单"文件" > "导入"，切换到文件夹 Lesson03 并选择文件 kayak.jpg，单击"打开"按钮。

　　注意到光标形变成了倒 L 形（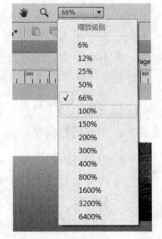），这是导入光标。如果此时单击并拖曳导入光标，将开始绘制一个方框。松开鼠标后，图像将导入到绘制的方框内，但保持原始图像的高宽比不变。如果仅单击光标而不拖曳，Fireworks 会将图像以原始尺寸导入，且其左上角位于单击光标的位置。

图3.11

4. 将光标指向两根方框辅助线的交叉点，然后单击并往右下方拖曳，如图 3.12 所示。当属性面板上的宽度值显示为 180 时，松开鼠标。

5. 在图层面板中将对象重命名为 kayak。

6. 重复第 3 步 ~ 第 5 步，在 kayak 图像下面，导入 superior.jpg 和 marley_cropped.jpg。不要担心图像间距，后面再进行调整。

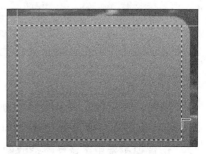
图3.12

7. 将两个新对象分别命名为 lake 和 dog。

> **Fw** 提示：按 Ctrl+1（Windows）或 Command+1（Mac），或直接双击工具面板的缩放工具，可快速调整视图到 100%。

> **Fw** 提示：导入图像时，如果仅单击鼠标而不拖曳，Fireworks 会将图像以原始尺寸导入，且其左上角位于单击鼠标的位置。

> **Fw** 注意：在默认情况下，导入鼠标会自动对齐到临近的辅助线。如果鼠标与辅助线距离几个像素，它绘制方框时会自动对齐辅助线。

在图像间添加等距空间

Web 页面设计布局一般较结构化。对齐面板有助于在设计中创建和维护一个组织有序的布局。例如，对刚才导入的缩略图图像使用对齐功能，可以在图像之间添加等距的空间。

1. 选择指针工具。

2. 拖曳光标，范围涵盖 3 个缩略图。

3. 由于先前锁定了矩形，在图像上拖曳鼠标时只选中了图像。

4. 打开对齐面板，确保设置为"相对于对象"。

5. 在"间距"栏里，设数值为 16。

6. 单击"垂直距离相同"图标，如图 3.13 所示。

Fireworks 会自动调整 3 个缩略图的垂直间距。

7. 在图层面板上修改 3 个图层的堆叠顺序，kayak 层置于最顶，狗的图层在小湖图层下面。这个步骤不强制用户操作，只是方便用户将图层面板的堆叠顺序与画布上的对象顺序对上号。

8. 保存文件。

图3.13

提示：为更容易移动图层而不出错，用户可在画布外单击鼠标以不选中任何对象。

将对象组合

现在，画布包含多个图形。为简化工作，下面将这几个缩略图组合。通过组合，可暂时将一系列选定的对象转换为单个对象，以便更轻松地操作它们。

1. 确保仍选定了这 3 个缩略图。如果没有选中，确保再次选中它们。

2. 选择菜单"修改" > "组合"，或使用快捷键 Ctrl+C（Windows）或 Command+C（Mac）。

3. 从图层面板可知，这 3 个缩略图组合成了一个对象，该对象名为"组合：3 对象"。

4. 将组合重命名为 thumbnails：3 对象。

这个组合对象占用了大量的空间，使得画布右侧几乎没有空间。下面使用属性面板中的"限制比例"缩小该组合。

5. 单击"高"和"宽"左边的空心方框，该方框将变成实心的，这将限制该组的宽高比。

6. 在属性面板中，将宽度值设置为 170，然后按 Tab 键。高度将自动根据宽度按比例缩放。

7. "限制比例"选项没有缺省值，因此若无需使用，应确保禁用它。

8. 选择部分选定工具。

尽管 3 个对象被组合，使用部分选定工具仍可单独选中它们。下面使用部分选定工具，调整 3 个对象的间距。

9. 单击狗的图像。

10. 松开鼠标，按住 Shift 键，再按向下箭头键，图像将每次向下移动 10 像素。

11. 使用部分选定工具，选中 lake 图像。

12. 按向下箭头键 5 次。

提示：也可选择菜单"修改" > "变形" > "数值变形"，以便按百分比缩放图像、将图像缩放到指定大小或将对象旋转到特定角度。

以非扭曲的方式缩放位图

沿一个方向缩放对象时，无论它是位图图像还是矢量形状，都可能导致不希望的扭曲。Fireworks 提供了强大的功能 9 切片缩放，可在缩放位图时消除扭曲。不过，它仅支持位图上没有大量细节的区域，例如，实色的蓝天。要学习更多关于 9 切片缩放的内容，可以查阅 Fireworks 帮助文档。

导入背景图像

Web 页面的背景有些暗淡无光泽，接下来再次使用导入命令，导入背景图像。

1. 在图层面板锁定图层 content 和图层 header，并单击眼睛图标隐藏两个图层。

2. 取消锁定图层 background。

3. 使用快捷键 Ctrl+R（Windows）或 Command+R（Mac）打开导入图像对话框。这比使用菜单"文件" > "导入"快得多。

4. 找到并打开 web_background.jpg。

5. 将光标指向设计画布的左上角，单击并拖曳至右下角。

松开鼠标前，确保属性面板的宽度值读数为 960，如图 3.14 所示。

6. 重命名图像为 background。

图3.14

应用动态滤镜改善图片效果

导入的背景图像给设计增添了不错的修饰效果，但其对比度与饱和度过低，缺乏立体感。下面将使用一种动态滤镜来调整其对比度。动态滤镜是在 Fireworks 中可应用于大部分对象（矢量、位图或元件）的非破坏性效果。动态滤镜的威力和优点在于，用户可在日后对效果进行编辑。如果觉得滤镜的效果太重或太轻，只需单击 i 图标便可编辑滤镜的属性。（在属性面板中添加动态滤镜后，该图标便可用。）

应用动态滤镜"色阶"提高对比度及饱和度

下面将对背景图像使用动态滤镜"色阶"，以调整它的效果。

1. 确保选择了背景图像（它有蓝色定界框），然后单击属性面板中"滤镜"区域的加号（+）以添加滤镜，如图 3.15 所示。

2. 选择"调整颜色" > "色阶"，如图 3.16 所示，将出现"色阶"对话框。

图3.15

如图 3.17 所示，"色阶"对话框中的直方图指出了选定图像的色调分布，可使用它来修改阴影颜色、中间色调颜色和高亮颜色。直方图的下方是输入色阶滑块：左边为阴影滑块，右边为高亮滑块，而中间是中间色调滑块。就这幅图像而言，直方图中没有显示高亮或阴影。

3. 向右拖曳左边的滑块，使其与直方图的开始位置对齐，这里大约为 32，单击"确定"按钮。

动态滤镜"色阶"出现在了属性面板的"滤镜"列表中。图像显然得到了改进，但现在整体看来稍显暗淡。下面再次打开"色阶"对话框并做进一步的调整。

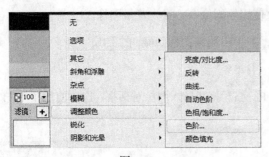
图3.16

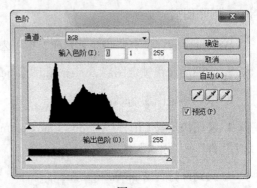
图3.17

4. 在属性面板的"滤镜"列表中，单击"色阶"滤镜旁边的 i 图标，这将打开"色阶"对话框。

5. 直接在在直方图上方最左边的文本框中，将高亮值改为 224。

6. 将中间色调值改为 0.95，如图 3.18 所示，然后单击"确定"按钮。

7. 使用快捷键 Ctrl+S（Windows）或 Command +S（Mac）保存工作成果。

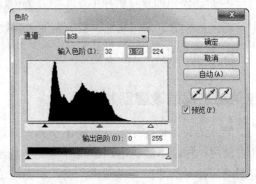
图3.18

应用动态滤镜"钝化蒙版"进行锐化

"锐化"能优化大多数图像，尤其在缩小图像时（如缩小刚才导入的 3 个缩略图）效果更明显。和大部分图形编辑器一样，Fireworks 缩小图像时，将从图像中删除像素数据。这个过程，叫"向下取样"，通常会让图像更柔和。用户可通过应用"钝化蒙版"滤镜在一定程度上恢复照片的锐化度。钝化蒙版滤镜可用作永久性滤镜，也可用作动态滤镜。

"钝化蒙版"滤镜通过用户设置的"阈值"分辨与周边像素值有差别的像素，并通过用户设置的"锐化量"提高像素对比度。用户还可设置"像素半径"，以控制蒙版图像钝化的程度。

Fw **注意**：如果读者去调查钝化蒙版，会发现很多说法认为它应是对图像做的最后调整步骤。一般来说，若图像以打印为目的，这的确是对的，图像的清晰度可为打印机订制。而这张图片并不用于打印，它应用的编辑也仅有钝化蒙版一项。最重要的是，它应用的是非破坏性的、始终可编辑的动态滤镜，因此担心何时应用调整是没有必要的。

为最大限度地提高灵活性，将其用作动态滤镜更合适。现在对 3 个缩略图使用动态滤镜。

1. 取消锁定图层 content，并取消隐藏，在图层面板选择 thumbnails 组合。

2. 按 Ctrl+1（Windows）或 Command+1（Mac）将缩放级别设置为 100%。

3. 在属性面板中，单击"添加动态滤镜"图标（+）。

4. 选择"锐化">"钝化蒙版"，打开"钝化蒙版"对话框。对低分辨率图像而言，由于默认属性太大，所以要稍微修改其中的一个。

5. 将"像素半径"改为 1，如图 3.19 所示。

6. 取消选中复选框"预览"以查看锐化前的图像。

7. 重新选中该复选框。

注意到亮区和暗区之间的对比度更高些，且图像看起来更清爽，这是因为钝化蒙版只增大边缘像素（暗像素和亮像素重叠的地方）的对比度。

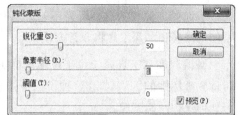

图3.19

8. 单击"确定"按钮应用该滤镜。

Fw 注意：动态滤镜会作用于组合里所有对象，不分矢量或位图。标准位图滤镜（滤镜菜单）只作用于位图图像。如果用户对矢量对象应用标准滤镜，Fireworks 会弹窗让用户先栅格化矢量对象。

钝化蒙版的属性

一般而言，应用钝化蒙版滤镜时，高分辨率图像比低分辨率图像可承受（有时是所需的）的锐化量更大。下面解释"钝化蒙版"对话框中的3个控件。

锐化量：它决定了边缘将变亮或变暗的程度。也可认为它决定了在边缘增加多少对比度。

像素半径：这决定了将锐化多大的边缘。将半径设置得较小可改善细节；如果将其设置得太大，可能在边缘导致光晕，使图像看起来不自然。要想使细节丰富，需要将半径设置为较小的值。像素半径和锐化量是互补的，降低其中的一个可使得另一个增大。

阈值：决定与周边的像素值相差多少时才对边缘进行锐化。通过该设置可锐化明显的边缘，同时忽略不那么明显的边缘。该设置越低，影响越大，因为排除的区域越少。通过将其设置为较高的值，可排除对比程度较低的区域。

应用位图工具优化图片

Fireworks 不是 Photoshop，如果要对大型、高分辨率图像做大量处理，应首先在 Photoshop 中完成这些繁重的工作，因为它更适合用于编辑超大型文件。每项工作都有其合适的工具，虽然如此，

Fireworks 也提供了一组相当不错的标准修饰工具，其中包括减淡工具、加亮工具和橡皮图章工具。这些工具可满足大多数基本的修饰需求，用户不必在 Fireworks 和 Photoshop 之间切来换去。

使用减淡和加深工具调整亮度

有时候，照片的总体曝光不错，但有些区域太亮或太暗，需要对这些区域进行局部调整，此时使用减淡和加深工具将非常方便。

减淡和加深工具属于位于位图修饰工具集中，它们修改像素值，因此其效果是永久性的（有时称为破坏性的）。不要让这种说法吓住了，在尝试使用减淡和加深工具之前，先通过以下步骤学习如何保护原始图像。

1. 在图层面板上，取消锁定独木舟图像。

独木舟图像的状态很好，但地平线处稍显曝光过度，水面上还有一处阴影。下面使用减淡和加深工具来修复这些问题。

图3.20

2. 为确保原始图像的安全，可制作其复制，方法是在图层面板中将其缩略图拖放到图标"新建位图图像"上，如图 3.20 所示。

有复制作安全备份，若调整结果不尽如人意，用户可随时恢复原始图像。

3. 在图层面板中，双击选定图像旁边的图层名"canoe"字样，并将其重命名为 Retouch。这有助于用户随时在图层面板中迅速区分这两幅图像。

Fw | 提示：选中并缩放对象时，Fireworks 将自动以活动对象为中心点进行缩放。

---

4. 使用快捷键 Ctrl+2（Windows）或 Command+2（Mac），放大图片至 200%。图片本身很小，用户很快就能看见像素了。

现在可以深入介绍减淡和加深工具的用法了。

Fw | 提示：还可以使用缩放工具拖曳出一个环绕目标区域的方框。当您松开鼠标时，Fireworks 将自动将选定区域在画布中居中，让您能够马上执行后面的操作。

使用减淡工具加亮

减淡是古老的暗房技术术语，用于加亮照片的特定区域。在 Fireworks 中，使用减淡工具在图像的特定区域绘画可加亮该区域。

1. 从工具面板中选择减淡工具。减淡工具从属于像素编辑工具栏，用户可以通过按 R 键若干次选用它。减淡工具的图标类似黑色棒棒糖形状（  ）。

2. 在属性面板中，将"大小"改为13，将"边缘"设置为100（对于柔角画笔），将"曝光"设置为20。将"范围"设置为中间影调，将"形状"设置为圆形，如图3.21所示。

图3.21

3. 在水面的阴影上小心绘画，且不要松开鼠标。注意不要在阴影范围之外的水面上绘画。

4. 使用快捷键 Ctrl+ Z（Windows）或 Command + Z（Mac）可撤销所做的编辑，并将原件与加亮后的版本进行比较。使用快捷键 Ctrl+Y（Windows）或 Command+Y（Mac）可重做减淡效果，如图 3.22 及图 3.23 所示。

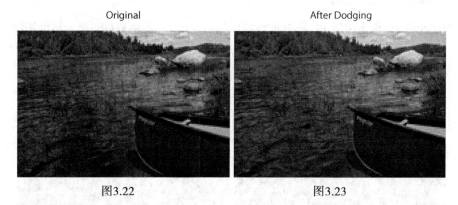

Original   After Dodging

图3.22   图3.23

5. 来回切换原件和加亮后的版本，这种效果很微妙，但很明显。确保最后的操作是使用快捷键 Ctrl+Y（Windows）或 Command+Y（Mac）保留减淡效果。

Fw 提示：用户可在工具栏中位图工具部分的左下角找到像素编辑工具栏。

6. 如果发现效果不明显，可把"曝光"改为10，并在同一个区域内再次绘画。

读者此时编辑的是拷贝图层，所以出了差错，可使用快捷键 Ctrl+ Z（Windows）或 Command +Z（Mac）撤销操作或直接删除复制图层并重新复制图层。

Fw 注意：在编辑过程中，每次松开鼠标并在同一区域上再次绘画，相当于再次加亮该区域。因此应以增量方式使用减淡和加深工具，以小数值起步编辑，并不时切换原件与加亮后的版本作比对。

使用加深工具变暗

加深工具的功能与减淡工具完全相反，使用该工具可使特定区域变暗。独木舟图片里的地平线（天空与树之间的线）稍显过亮，下面使用加深工具修复这个问题。

1. 切换到加深工具，可按 R 键直到加深工具出现，或单击并按住工具栏上的减淡工具，在出现的列表上选择。

2. 在属性面板中，将"大小"改为 20，将"曝光"设置为 30，并保留"边缘"、"形状"和"范围"的设置不变（分别为 100、和圆形、中间影调）。

3. 在地平线上朝一个方向绘画，注意不要移动鼠标到水面上。如果松开鼠标重新画，相当于多油了一层油漆。

加深将增加曝光，使天空和树更暗些、颜色更浓。如前所述，如果发现效果不明显，可在同一个区域内再次绘画。

4. 将缩放级别恢复到 100%。

5. 在图层面板中，单击图层 Retouch 的眼睛图标以隐藏它，并将原件与修改后的图像进行比较。虽然每次所做的修改都很小，但对图像的总体影响却非常大。如图 3.24 和图 3.25 所示。

Original   After Burning and Dodging

图3.24   图3.25

6. 再次单击眼睛图标，重新显示图层。如果愿意，可继续修改图像；也可直接使用快捷键 Ctrl+S（Windows）或 Command+S（Mac）保存所做的工作。

使用橡皮图章工具修复区域

橡皮图章工具（🖼），也叫仿制图章工具，从位图图像的一个地方复制像素细节，并将其粘贴到另一个（受损或难看的）地方。包装盒上可能有划痕，也可能衣服上有线头；有可能需要让照片中的皮肤色调更光滑，也有可能要消除发光对象上不需要的高光。在这些情况下，橡皮图章工具都可派上用场。

下面是使用橡皮图章工具的基本步骤。

1. 选择橡皮图章工具。

2. 按住 Alt（Windows）键或 Option（Mac）键并单击一个区域，指定其为源（要仿制的区域）。取样光标将在目标区域上变成十字形图标及一个圆圈。这个图标叫作图章（或仿制）鼠标。圆圈代表刷子将要使用为仿制源的区域的大小。

3. 将光标移到图像的其他地方，然后单击并拖曳。拖曳光标时，将复制取样图标下面的像素，并将其应用于刷子图标下面的区域。

下面测试这种操作流程，将独木舟上的阴影擦除。

1. 按本章前面介绍的方法放大视图，以突出独木舟，如图 3.26 所示。修饰图像时，总是应该放大要处理的区域。

2. 从工具面板的"位图"部分选择橡皮图章工具。

图3.26

注意到属性面板发生了更新，显示橡皮图章工具的属性。用户可设置刷子的大小和边缘硬度（100 为柔边，0 为硬边）；还可指定是否要让刷子与取样源对齐，以及要从文档中的所有层 / 对象取样，还是只从活动对象中取样。

3. 在属性面板中，将刷子大小设置为 10 像素，将边缘设置为 100%，将不透明度设置为 40。调低不透明度使图像融合得更好。

4. 取消选中复选框"按源对齐"，这确保开始总是从指定的位置取样，而不论从哪里开始拖曳橡皮图章工具。

5. 在独木舟上找到一处色调均匀的红色区域，再按住 Alt（Windows）键或 Option（Mac）键并单击从该区域采集像素，如图 3.27 所示。

6. 将光标指向阴影区域。

Fw 提示：根据用户选择的刷子首选参数，绘画光标可显示橡皮图章、十字形图标或蓝色圆圈。可以修改很多编辑工具的指针显示方式，为此，选择菜单"编辑">"首选参数"（Windows）或"Fireworks">"首选参数"（Mac），再选择"编辑"，然后选择或取消选择光标选项以修改光标的显示方式。

按源对齐

启用"按源对齐"选项，取样光标将总是跟随仿制光标的位置。总之，这两个工具光标会形影不离。如果用户松开鼠标或移动仿制光标到图像别处，再次单击指定仿制源时，取样光标会以相同距离及角度跟随仿制光标移动。

这是一个上下文选项；根据要仿制的源，用户可通过启用或禁用"按源对齐"选项来快速达到目标。

7. 单击并按住鼠标，然后在该区域小心地绘画，直到阴影消失，如图 3.28 所示。注意不要让取样光标进入诸如独木舟黑色船舷的区域。如果色调有些变化也没有关系，因为希望修饰效果尽可能逼真。如果必要，松开鼠标并重复上述过程以让边缘更好地融合。

Before Cloning　　　　　　　　　　　　After Cloning

图3.27　　　　　　　　　　　　　　图3.28

8. 对修复结果满意时，保存文件。

使用橡皮图章工具，可能需要反复练习，这也是用户需要在单独对象或副本对象上做修饰的原因。如果结果差强人意，用户可以直接选中对象并拖曳到图层面板的垃圾桶图标上以删除它。

> **Fw** **注意**：仿制像素添加对象是位图，因此若光标滑出图片边缘，将在原本空白的区域添加像素数据。这时，可撤销操作或稍后使用橡皮擦工具擦除图片区域外的像素。

> **Fw** **注意**：要指定另一个区域取样，可按住 Alt 键或 Option 键并单击。

在空位图对象上修饰

仿制是永久性（破坏性）的，它使用一个地方的像素替换另一个地方的像素。如果保存并关闭文件，这些修改将成为图像的一部分。本课前面部分我们创建了独木舟图像的副本图像，正是出于这样的考虑：保留原件的内容不被修饰。

很多专业人士喜欢在独立的图层中执行这种修饰，这样可避免永久性破坏（或修改）原始图像。在Fireworks中，可在空位图对象中执行这种操作，而该对象可与原始图稿位于同一个图层中。

空位图对象是一个没有包含像素数据的区域，让用户能够在独立的对象中添加新的像素信息。创建这种对象后，必须在其中添加像素数据，否则该对象将从图层面板中删除。如果打算使用刷子或铅笔工具添加彩色位图线条，则可能使用这种对象。

在图层面板上选择"新建位图"图标，创建空位图。此时在图层面板先前选中的对象上方，会显示一个透明的（空）位图对象。

注意到独木舟上被修饰的区域出现一个蓝色矩形。这是Fireworks提示被选中对象的方式。

何为对象和图层？为何使用它们？

鉴于Fireworks扎根于矢量领域，就像Adobe Illustrator一样，因此每层都可包含多个对象。如果主要使用的是Photoshop（这是一种面向图层的应用程序），这可能使人不安，但实际上，这种面向对象的方法提供了更大的灵活性和控制权。还可在图层中创建子层，这类似于Photoshop中的图层组。

复习

复习题

1. 在 Fireworks 中，画布最大尺寸是多少？这对工作流程有何影响？

2. 如何裁剪设计方案中特定的位图对象？

3. 可采用哪些方法调整位图图像的色调范围？

4. 与传统滤镜相比，动态滤镜有哪些优点？

5. 橡皮图章工具有何用途？使用该工具时，建议采用什么样的工作流程？

复习题答案

1. 在 Fireworks 中，可创建的最大画布为 6000×6000 像素。如果要在 Fireworks 中使用超大型文件，应考虑在 Fireworks 中打开前将其缩放到更合适的大小。

2. 选择要裁剪的位图对象，再选择菜单"编辑">"裁剪选定位图"，这确保只裁剪一个对象而不是整个设计。

3. 如果整幅图像太亮或太暗，可使用"色阶"对话框修改整体亮度和对比度。如果要修改图像的特定区域，可使用减淡工具加亮特定区域或使用加深工具使特定区域变暗。

4. 动态滤镜是非破坏性的，且在任何时候都是完全可编辑的。另外，动态滤镜可应用于矢量和位图对象，而传统滤镜只能应用于位图对象。

5. 橡皮图章工具只能用于位图对象，它用于将像素从一个地方复制到另一个地方，以便修复图像中的缺陷或消除不需要的元素。用户必须首先按住 Alt 键（Windows）或 Option 键（Mac）并单击以指定要用作源的区域，再将光标移到有问题的区域并在上面绘画。在理想情况下，这种修饰应在一个新的位图对象中进行，以免修改原始图像。

第**4**课 使用选区

课程概述

处理位图时，在位图图像中建立选区是一个重要步骤。使用位图选区可隔离特定的区域，以便在对其进行修改时不影响其他区域。例如，可能想加亮图像中较暗的部分，建立选区可以确保这种对像素亮度的修改只应用于特定的图像区域。在本课中，读者将学习如下内容：

· 使用魔术棒工具建立选区；

· 调整位图选区的边缘；

· 将校正滤镜应用于选区；

· 使用套索和魔术棒工具建立复杂的选区；

· 修改位图选区；

· 保存位图选区供以后使用；

· 将位图选区转换为路径。

· 使用选取工具使图像的特定区域处于活动状态。

　学习本课需要大约 90 分钟。如果还没有将文件夹 Lesson04 复制到硬盘中为本书创建的 Lessons 文件夹中，那么现在就要复制。在学习本课的过程中，会覆盖初始文件；如果需要恢复初始文件，只需从配套光盘中再次复制它们即可。

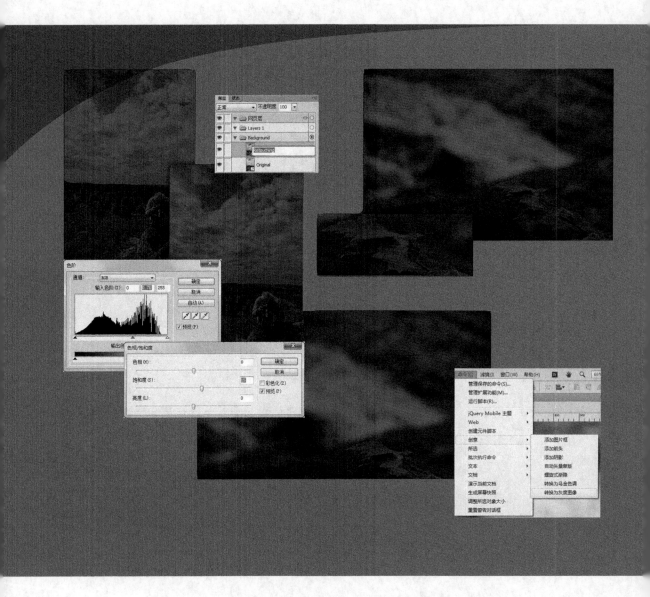

无论使用哪种应用程序处理位图，在位图图像中建立选区都
是一个重要的步骤。

位图选取工具概述

位图选区工具可隔离特定的区域，以便编辑时不影响其他区域。开始学习本课之前，还必须清楚选择对象和建立位图选区之间的关系。

在图层面板中单击对象或使用指针工具单击画布上的对象时，将选择（或激活）整个对象，以便能够移动、复制或剪切该对象，而不会影响画布上的其他对象。位图选区的不同之处在于，将选择位图图像的特定部分而不是整个对象。建立选区后，只能复制或编辑选区边界内的区域。位图选取工具只作用于位图图像，不可对文本或矢量对象使用。

位图选取工具初步

在 Fireworks 中，选取工具包括选取框工具、椭圆选取框工具、套索工具、多边形套索工具和魔术棒工具，如图 4.1 所示。每个工具作用不同，应根据要完成的工作选择最合适的选取工具。

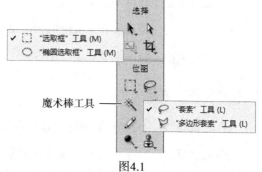

例如，选取框工具（▢）和椭圆选取框工具（◯）用于选择形状规则的区域，选择这些工具后，只需单击并拖曳以绘制选区即可。按住 Shift 键可将矩形选区限制为正方形，并将椭圆选区限制为圆形。

套索工具 [标准套索工具（◯）和多边形套索工具（◯）] 适合用于以手绘方式选择不规则的

图4.1

区域。标准套索工具能够使用鼠标或光笔在画布上绘制选区，而多边形套索工具则要通过在要选取的区域周围单击以放置锚点来建立选区轮廓。使用多边形套索工具时，可按住 Shift 键将线段的角度限制为 45° 的整数倍。要闭合多边形选区，可单击起点，也可在工作区中双击。

如果要选定的区域是颜色类似的像素，魔术棒工具（◥）可能是快速建立选区的最佳选择。魔术棒工具根据颜色选择像素。如果图像包含一个像素颜色类似的区域（如蓝色天空），则使用魔术棒工具可快速选择这部分，为此只需使用魔术棒工具在该区域中单击。魔术棒工具选择指定颜色范围内的连续像素，该颜色范围取决于属性面板中的"容差"设置。要提高该工具的敏感度，可增大"容差"设置。

选取工具选项

大多数位图选取工具都包含可用于将选区边缘设置为实边、消除锯齿或羽化的选项。实边将导致选区边缘呈锯齿状，消除锯齿混合选区和选区外面的区域，而羽化创建柔和、更不精确的混合边缘，如图 4.2 所示。不同于其他两种边缘设置，可给羽化指定一个像素值，以改善选区内部和外部的混合。

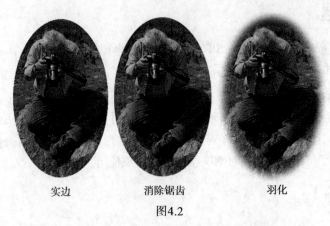

实边   消除锯齿   羽化

图4.2

如果选择选取框工具或椭圆选取框工具，属性面板将提供额外的选项。

- 正常：创建高度和宽度彼此独立的选取框。

- 固定比例：将高度和宽度限制为指定的比例。

- 固定大小：将高度和宽度限制为指定的值，其单位为像素。

菜单"选择"下的选项

菜单"选择"使用户能更精细地处理位图片区，包括对活动的位图选区进行扩展、收缩和平滑等。

例如，"反选"命令可触发活动选区和未选中区域的切换，因为有时选取不需要的区域反而更容易。如果需要处理一张背景为晴朗天空的城市景观图，那么需要对城市区域进行色阶或滤镜调整。显然选取天空区域要简单快速得多。这时可以选择菜单"选择">"反选"以反转选中的区域，使城市区域处于活动状态。

使用动态选取框

上述 5 种位图选取工具都包含"动态选取框"选项。默认情况下，在属性面板中选中了该复选框。动态选取框让用户在建立选区后能够马上控制选区的边缘。要获得锯齿状的硬边缘选区，可选择实边；要获得柔和的轻微混合的选区边缘，可选择消除锯齿；要获得非常平滑的混合，可选择羽化。选择羽化后，可根据需要设置羽化量，这将在选区边缘两边逐渐混合应用于选区的效果。

保护原件

1. 选择菜单"文件">"打开"，切换到文件夹 Lesson04。

2. 选中 bigsky.jpg，单击"打开"按钮。

3. 选择指针工具，单击图像使之处于活动状态。

4. 使用快捷键 Ctrl+Shift+D（Windows）或 Command+Shift+D（Mac）创建图像复制。此时图层面板会有两个一模一样的位图图像。用户也可通过菜单"编辑">"克隆"完成这个命令。

5. 在图层面板上，双击两者中靠下的对象，将其重命名为 Original。

6. 锁定 Original 图像。

7. 双击复制图像，将其重命名为 Retouching，如图 4.3 所示。

图4.3

克隆与重制，有什么区别？

通过菜单"编辑"或快捷键可选用"克隆"和"重制"命令，两者的功能都是创建复制对象。区别之一在于复制文件的位置。克隆命令创建的复制对象位置沿用原件的x、y坐标，这和在图层面板拖曳对象至"新建位图图像"图标的效果无二。重制命令也创建复制对象，但位置相对于原件偏移了若干像素，令用户可快速区分其与原件，方便选取无误。

使用魔术棒工具进行选择和修改

原件已被保护起来。在本节中，读者将使用一系列的选取工具和选取技巧来修改两张图片的特定区域。魔术棒工具将在操作中被频繁使用，读者还将使用动态选取框以调整选区，应用位图滤镜优化场景效果，甚至令其中一张图片完全大变样。

建立及调整选区

下面使用魔术棒工具建立选区。

1. 从工具面板中选择魔术棒工具（  ）。

2. 将光标指向图像的云朵部分并单击，将建立一个选区，但有一部分没能选上，如图 4.4 所示。

3. 确保属性面板上的动态选取框为选中状态，将容差改为 100，如图 4.5 所示。

图4.4

图4.5

4. 按 Tab 键以应用修改，此时整个天空都在选区内，如图 4.6 所示。

5. 放大视图，以突出地平线区域，注意，Fireworks 同时也选取了山峰边缘的一些像素，如图 4.7 所示。若不修复这个问题，图像效果必将差强人意。

6. 选择菜单"选择">"平滑选取框"，将取样半径值设为 1 像素，如图 4.8 所示。效果非常不明显，但这会让选区底部边缘稍显平滑而无需修改选区另一边缘。

图4.6

图4.7

7. 按向上箭头键一次，以将选区上移 1 像素。此时选区下边缘靠近地平线，而不贴着山。

8. 在菜单"选择"中，选择"羽化"并设置半径为 4 像素，如图 4.9 所示。羽化让选取边缘两边像素混合，以达到平滑自然的效果。

图4.8

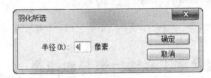

图4.9

4 像素意味着边缘两边各取 2 像素互相混合。这个数值并不大，但由于这张图像的分辨率相当低，所以不影响。图像分辨率越高，这个数值就得越大。

9. 将画布缩小回 100%。

应用位图滤镜

下面将对天空区域使用永久作用的位图滤镜，以让天空颜色更醒目。处理位图选区时，必须使用位图滤镜，而非动态滤镜。

读者可能注意到了，位图选区活动时，属性面板根本没有动态滤镜可用。动态滤镜只能作用于整个图像对象，无法应用于选中的区域。

1. 为看到所做修改如何与图片其他部分融合，选择菜单"视图">"边缘"或使用快捷键 Ctrl+H（Windows）或 Option+F9（Mac）。这隐藏了选取框，但仍允许用户对其进行如应用滤镜的操作。

2. 选择菜单"滤镜">"调整颜色">"色阶"。

3. 通过直接输入数值或拖曳中间滑块，将中间色调值(灰度系数)数值设为 0.7，如图 4.10 所示。

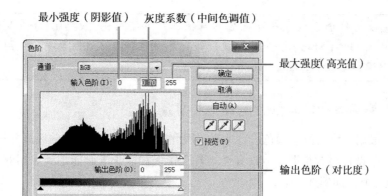

最小强度（阴影值）　灰度系数（中间色调值）

最大强度（高亮值）

输出色阶（对比度）

图4.10

4. 反复勾选"预览"，对比原图留意云的变化效果，然后单击"确定"按钮以应用滤镜。

5. 选择菜单"滤镜" > "调整颜色" > "色相 / 饱和度"。

Fw | 提示：在 Mac 系统上，使用 F 功能键时还需按住 Fn 键。

---

6. 修改饱和度为 15，如图 4.11 所示。这个数值再高的话，图像看起来就会不自然。

7. 关闭"预览"选项，再开启，看到对比效果，然后单击"确定"按钮。

保存为 .fw.png 文件

刚才处理的文件是 JPEG 格式，用户自打开后创建了位图对象副本。此时保存文件会有不同的选择。

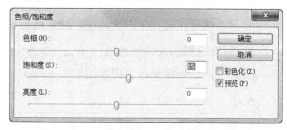

图4.11

Fireworks 将识别出该图有平面 JPEG 文件不支持的属性，因此会弹出对话框，让用户决定文件的保存格式。

用户若选择保存为 JPEG 格式，图像将平面化为单图层。为不覆盖原图，应重命名。若选择保存 Fireworks PNG 格式，图像保留可编辑性（所有位图都保留）且自动附带文件名后缀 .fw.png。.fw 部分不是强制附加的，却是区分 Fireworks PNG 格式和标准平面 PNG 文件最简单有效的方法。

1. 选择菜单"文件" > "保存"。

2. 在弹出对话框中单击"保存 Firework PNG"，如图 4.12 所示，并保留默认文件名。

3. 关闭文件。

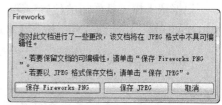

图4.12

结合使用魔术棒工具和修正键

魔术棒工具根据连续的像素颜色进行选择，因此有时候会希望包含的区域并没有成为选区的一部分。修改容差设置会有帮助，但没有经过若干错误和修正未必能达到预期效果。除此之外，还可使用修正键将其添加到选区中。

在本小节中，将在 Shift 键辅助下使用魔术棒工具选择多个区域。还将学习如何保存位图选区，及反转选区（反选）。

1. 选择菜单"文件" > "打开"，并切换到文件夹 Lesson04。

2. 选择文件 sand_river1.jpg，再单击"打开"按钮。

图片相当平面，或说对比度及饱和度很低。前景枫叶的颜色太过死板，而不是动感的红褐色。这是下面要修复的一个问题。另外，读者还要减小背景饱和度以突出枫叶，营造出较为文艺的效果。

3. 选择缩放工具，在枫叶四周绘制一个方框，以放大枫叶区域方便编辑。

4. 选择指针工具，单击图像使之处于活动状态。

5. 使用快捷键 Ctrl+Shift+D（Windows）或 Command+Shift+D（Mac）以创建图像复制文件，并在图层面板重命名副本图层为 Retouching。

6. 在工具面板选择魔术棒工具。

7. 修改属性面板上的容差值为 40。

8. 一些选区之前被隐藏了，该设置不设缺省值，因此仍旧隐藏。可选择菜单"视图" > "边缘"或使用快捷键 Ctrl+H（Windows）或 Option+F9（Mac）恢复显示。

9. 光标指向最顶的枫叶中间区域并单击，将出现一个选区，如图 4.13 所示。

由于选区闪烁变化的动态边缘，选区也叫选取框。不怎么技术性的说法，叫做"蚂蚁行军"。

根据魔术棒工具作用的位置，第一次选取可能和图片所示不太一样，但一样都有魔术棒工具选不到的区域。下面将这些区域加入选取。

10. 按住 Shift 键，在枫叶上未被选中的区域上单击，如图 4.14 所示。

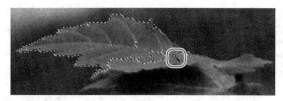

图4.13

图4.14

11. 继续按住 Shift 键，直至选中了整片枫叶，如图 4.15 所示。这一步骤可能较费时，用户可以试试容差设置。

如果创建了一个特别复杂的选区（如刚才创建的选区），不妨将其保存为 alpha 通道，以便以后能够重用该选区。有关这方面的更详细信息，参阅后面的附加内容"保存和恢复位图选区"。（该文件非常适合用于演示保存和恢复位图选区的功能。）

图4.15

Fw 注意：修正键 Alt（Windows）或 Option（Mac）和 Shift 适用于橡皮图章工具、套索工具、选取框工具和椭圆选取框工具。

保存和恢复位图选区

建立复杂的选区后，可保存它，这让用户能够取消选区，处理图像的其他部分，并在以后回过头来使用该选区。无论选区最初是使用哪种选取工具建立的，这些功能都可用。当然，要保存选区，必须有活动的选区。

1. 选择菜单"选择" > "保存位图所选"。

2. 在"保存所选"对话框中，将选区命名为 leaves，并保留其他设置不变。

3. 单击"确定"按钮。

保存选区后，便可在需要时随时恢复它。如果文件保存为 Fireworks PNG 格式，选区将保存在文件中，即使关闭并重新打开文件也可恢复选区。

4. 使用快捷键 Ctrl + D（Windows）或 Command + Shift + A（Mac）取消选择画布上的位图选区，以便能够练习如何恢复它。

5. 选择菜单"选择" > "恢复位图所选"。

6. 单击"确定"按钮，该选区将重新出现在画布上。

Fw 注意：如果保存了多个选区，可在"恢复可选"对话框中，从下拉列表"所选"中选择要恢复的选区。

Fw 注意：创建枫叶的选取花了不少时间，建议如前述（选择菜单"选择">"保存位图所选"）将选区保存起来。

选取太多怎么办

有时魔术棒工具会选取用户不想选中的区域。下面就来讲解位图选区的艺术吧。一般来说，不必从头来过。用户可以先撤销最后的步骤[Ctrl+Z（Windows）或Command+Z（Mac）]，将容差值改小，重新创建位图选区。

如果还是不成功，使用套索工具从选区中删除。

处理复杂的位图选取，从选区中删除区域是常见操作。

1. 使用快捷键 Ctrl++（Windows）或 Command++（Mac）以放大视图。

2. 按住 Alt 键（Windows）或 Option 键（Mac）并单击选区中你想要删除的区域。

记住，Shift键增加到区域选区，Alt键从选区中删除区域。

增加饱和度

要让这些叶子大放异彩了，接下来使用另一个位图滤镜。

1. 选择菜单"视图">"边缘"隐藏选区，如图 4.16 所示。

2. 选择菜单"滤镜">"调整颜色">"色相/饱和度"。

3. 设置饱和度数值为 70。数值可能过高，但原来的颜色太无生气，如图 4.17 和图 4.18 所示。

4. 单击"确定"按钮。

5. 保存文件。Fireworks 会弹出对话框，让用户选择保存格式。

6. 选择 Fireworks PNG 格式，在保存对话框上保留默认命名，如图 4.19 所示。

图4.16

图4.17

图4.18

图4.19

减小背景饱和度

为了让枫叶在页面上更显突出，下面使用位图选区和菜单"命令"，将背景调校为黑白。

1. 选择菜单"视图">"边缘"，以恢复显示上一小节练习中隐藏的选区。

这一步骤的目的是让用户看到选区在屏幕上的变化。这一步并非必要，只是方便用户随时可看到选区，以防被误删。若误删了选区，可选择菜单"选择">"恢复位图选区"恢复选区。

2. 使用快捷键 Ctrl+0（Windows）或 Command+0（Mac）显示整幅图像。

3. 选择菜单"选择">"反选"。这可以反转选中图像，此时枫叶不活动，而背景可编辑。

5. 选择菜单"命令">"创意">"转换为灰度图像"，如图 4.20 所示。记住，这是像素水平上的永久性操作，并不是可编辑的动态滤镜效果。

6. 在图层面板上把刚修饰过的对象隐藏，以便看见原件。

现在这张图已经与之前大不相同了。

7. 恢复显示修饰对象，并保存文件。

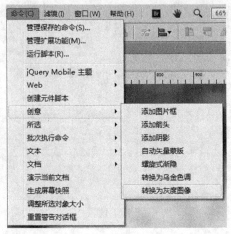

图4.20

将选区转换为路径

在 Fireworks 中,可轻松地将位图选区转换为矢量路径。与位图选区相比,路径编辑起来更容易,因为不小心将整条路径删除的可能性不大。当调整位图选区时,如果忘记按住修正键 Shift 和 Alt(Windows)或 Option(Mac),则很容易将整个选区删除。将选区转换为路径则可避免这种错误操作。要编辑路径的形状,可使用部分选定工具(）拖曳路径上的各个控制点。路径对象和位图对象不同,它是可伸缩的。

在这个练习中,读者将继续处理另一个图像。

1. 选择菜单"文件">"打开",切换到文件夹 Lesson04 并打开文件 trash_sign.jpg。

2. 选择魔术棒工具,将容差值设为 32,并单击图片标牌中的人形。

3. 按住 Shift 键,单击人形头部圆圈。

4. 选择菜单"选择">"将选取框转换为路径"。

选区将被删除,取而代之的是一个路径对象,如图 4.21 所示。该路径对象使用最后一个用于矢量对象的属性填充。根据用户使用 Fireworks 的历史,路径的填充色与笔触色可能与示例图有很大区别。

5. 如果没有选择指针工具的,请选中指针工具。

6. 在属性面板上,将填充色设置为白色。如果笔触色不是无填充,要设为无填充,如图 4.22所示。

7. 在图层面板上重命名路径为 figure。

8. 再次选择魔术棒工具,单击垃圾桶图标。

图4.21

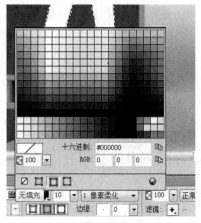

图4.22

9. 将这个选区也转换为路径（选择菜单"选择">"将选取框转换为路径"）。注意到垃圾桶的填充色和笔触色自动应用了人形的属性。

10. 重命名对象为 bin。

重设路径

3 个小方形需要设成独立的路径，但逐个设置未免太费力，不妨使用选取框工具绘制一个正方形来仿制它们的形状。

1. 放大视图，以突出 3 个方形。

2. 选择选取框工具。

3. 光标指向最下的方形左上角。

4. 按住 Shift 键，拖曳光标至方形右下角。差不多 60×60 像素就足够了，如图 4.23 所示。

5. 选择菜单"选择">"将选区转换为路径"。

6. 选择指针工具。

7. 按住 Alt 键（Windows）或 Option 键（Mac）并拖曳路径至上一个方形处。

图4.23

8. 在最上的方形上重复第 7 步。此时应有 3 个矢量方框。

9. 趁最上方的方形仍处于活动状态,选择菜单"修改">"变形">"数值变形",如图 4.24 所示。

10. 修改变形选项"缩放"为"旋转"，如图 4.25 所示。

11. 将旋转角度设为 45°，并单击"确定"按钮，如图 4.26 所示。

12. 对中间的方形重复第 9 步～第 11 步。

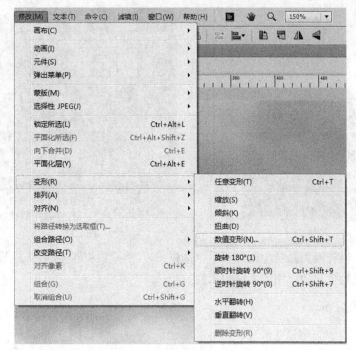

图4.24

图4.25

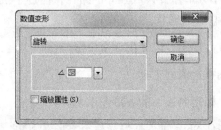

图4.26

13. 如有需要，使用指针工具和箭头键重新定位旋转过的方形。

14. 将 3 个方形从上到下重命名为 red、green 和 blue。

15. 使用指针工具分别选中 3 个方形，根据刚才的命名，分别在属性面板修改填充色为红色、绿色和蓝色。

16. 双击图层"层 1"名，重命名改为 vectors。

17. 将所有路径移到图层 vectors 下，如图 4.27 所示。读者可能还记得，最快速的方法是在图层面板上选中对象，并拖曳对象代理图标至图层 vectors 下。

18. 把文件保存为 Firework PNG 格式。最终效果如图 4.28 所示。

图4.27

图4.28

第5课将更详细地介绍如何使用路径。

复习

复习题

1. 选择对象和建立位图选区之间有何不同?

2. Fireworks 包含哪 5 种位图选取工具? 它们有何用途?

3. 使用魔术棒工具时,容差设置有何作用?

4. 可将哪两个修正键与位图选取工具结合使用?

5. 如何创建位图图像的复制? 为何要这样做?

复习题答案

1. 在图层面板中单击对象或使用指针工具单击画布上的对象时,将选择(或激活)整个对象,让用户能够移动、复制或剪切该对象,而不会影响画布上的其他对象。位图选区的不同之处在于,将选择位图图像的特定部分而不是整个对象。建立选区后,只能复制或编辑选区边界内的区域。位图选取工具不能用于矢量对象。

2. 在 Fireworks 中,选取工具包括选取框工具、椭圆选取框工具、套索工具、多边形套索工具和魔术棒工具。

通常,使用选取框工具和椭圆选取框工具来选择形状规则的区域,使用套索工具和多边形套索工具来选择不规则的区域,并使用魔术棒工具根据颜色来选择像素。

3. 魔术棒工具选择指定颜色范围内的连续像素,而该颜色范围是由属性面板中的容差设置指定的。要提高该工具的灵敏度,可在属性面板中将容差设置改为更高的值。

4. 一个是 Shift 键,另一个是 Alt(Windows)键或 Option(Mac)键。这两个修正键都适用于橡皮图章工具、套索工具以及矩形选取框工具和椭圆选取框工具。按住 Shift 键可添加到选区,而按住 Alt 键(Windows)或 Option 键(Mac)可从选区中剔除。

在绘制起始选区时,按住 Shift 键能将选取框工具限定为对称(正方形或原型),也能将多边形套索工具的线段限定为以 45° 递增。

5. 要克隆位图图像(或其他任何对象),可使用快捷键 Ctrl + Shift + D(Windows)或 Command + Shift + D(Mac),也可选择菜单"编辑" > "克隆"。通过创建原始对象的复制,可编辑和修饰克隆得到的图像,而不破坏原始图像。

第**5**课　处理矢量图形

课程概述

在 Fireworks 中，用户可使用矢量绘制出任何形状。在本课中，读者将处理第 3 课 Near North 网站项目和第 2 课移动应用程序中的矢量图像。读者还将使用属性面板和部分选定工具来修改现有的矢量。在本课中，读者将学习如下内容：

- 绘制简单的矢量形状；
- 了解矢量图像和位图图像之间的差别；
- 使用辅助线在画布上放置对象；
- 使用复合形状工具；
- 使用钢笔工具和直线工具创建路径；
- 使用钢笔工具和部分选定工具编辑路径；
- 创建自定义形状；
- 使用自动形状；
- 定制矢量形状的填充和笔触。

　学习本课需要大约 90 分钟。如果还没有将文件夹 Lesson05 复制到硬盘中为本书创建的 Lessons 文件夹中，那么现在就要复制。在学习本课的过程中，会覆盖初始文件；如果需要恢复初始文件，只需从配套光盘中再次复制它们即可。

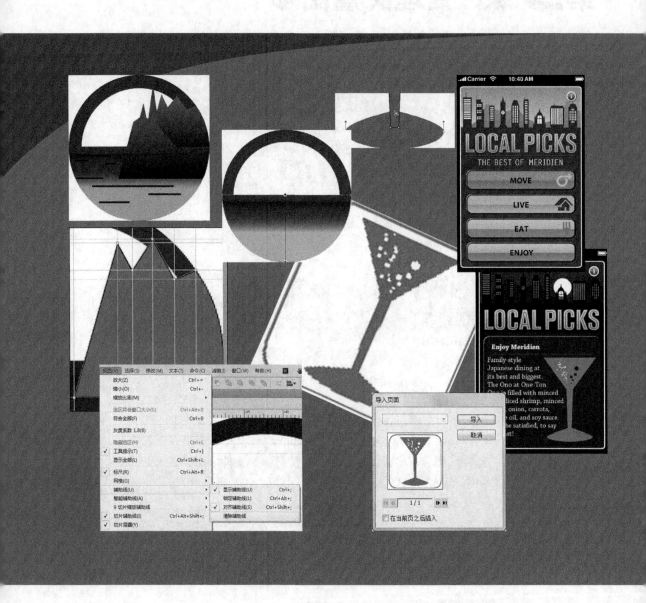

处理矢量是 Fireworks 的强大功能之一，用户能够创建独特的
自定义形状，还可使用 Fireworks 预置的众多矢量形状。

矢量概述

使用数学方程在屏幕上绘制线条和填充的计算机图形称为矢量。矢量是屏幕上两点之间的路径，包含诸如颜色和粗细等属性。

Fireworks 自带了一系列预置的矢量形状，其中的大部分都位于相应的工具面板中。另外，形状面板包含一系列预置的自动形状，可直接使用或自定义使用。

最常用的矢量工具包括文本工具、形状工具和钢笔工具。

矢量形状也常作为蒙版用于位图对象上。只需经过一定的实践，就能够创建自定义矢量形状和蒙版。现在，读者先从再现 Near North 网站上的一个 Logo 开始。

位图和矢量图形之间有何不同？

Fireworks 可用于处理矢量和位图，甚至这两种图形的组合，这使其成为一种功能强大的创作工具。然而，了解这两种图形之间的差别很重要，这样在任何情形下都能够选择正确的类型。

位图图形（也称为光栅图形）由特定数量的像素组成，这些像素被映射到网格。每个像素都有具体的位置和颜色值。像素越多，图像的分辨率越高，文件也越大。如果调整位图图像的大小，将添加或删除像素，这将影响图像质量和文件大小。位图图像最初包含的像素数是在捕获时确定的。

简单地说，矢量图形是描述两点之间的距离和角度的数学方程。用户还可以订制诸如线条（笔触）的颜色和粗细以及路径的内容（填充）等信息。不同于位图图形，缩放矢量时不会给它带来重大影响。

矢量和位图之间的一种不同是，照片能够在单个图像图层中精确地描述实际场景，但分辨率固定。缩放图像时，图像质量随缩放而变化，相当于要求应用软件在原图的基础上无中生有，创造出一些像素。

另一方面，要在矢量插图中获得类似的逼真效果，可能需要数百甚至数千个堆叠在一起的矢量形状。此时用户就可以随意缩放图像，而不牺牲图像质量。

位图和矢量之间没有优劣之分，它们是对可视化交流来说不可或缺的两种主要图形类型。

基本的矢量绘制技巧

工具面板包含多个基本的矢量形状，其中包括直线工具、椭圆工具、多边形工具和矩形工具（读者在前面的课程中已经使用过矩形工具）。要创建这些形状，首先需要选择合适的工具，再在画布上单击并拖曳。使用工具面板中的变形工具可对这些基本形状进行缩放、倾斜和扭曲。可使用属性面板修改填充色和笔触，甚至添加纹理使形状看起来更逼真。

路径、形状与合成路径

与基本几何图形一样，路径就是起于点、止于点的一条线。路径至少有两个控制点（或锚点）以定义其起止点。在路径上添加额外的锚点可改变路径方向甚至弯曲度。当路径有两个以上锚点时，任意两个锚点之间的距离被称为"路径段"。路径可由钢笔工具或直线工具创建。

形状就是是闭合路径，即起点会合终点，将路径闭合起来。在Fireworks中，"形状"一词一般指的是预设的、闭合的矢量路径，可使用矢量工具轻易绘制出来，如矩形工具、椭圆工具或多边形工具。

合成路径是指将两个或以上形状或路径合并为一个路径的结果。

如图5.1所示，左边的矩形都是标准矩形形状。右边的两个路径（记住，形状也是路径）是使用命令"打孔"制作的，其中小矩形就是利用打孔与大矩形合并的，使得背景的渐变色可见。

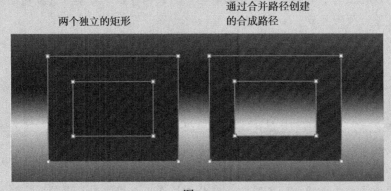

两个独立的矩形　　　　　　通过合并路径创建的合成路径

图5.1

在本章第 1 个练习中，读者将在新的文档上添加两个椭圆，开始设计 Logo。然后涂掉一个孔（或说打孔），将椭圆改成空心环形。最后，在 Logo 上添加水形效果。记住，任意一个步骤都可以参考 Logo 的最终图稿，logo.fw.png。

1. 选择菜单"文件" > "新建"。

2. 在新建文档对话框上，将宽度和高度都设置为 400 像素，将分辨率设置为 72 像素 / 英寸，画布颜色设置为白色，如图 5.2 所示。

3. 在矢量工具集中选择椭圆工具，如图 5.3 所示。

4. 在属性面板上，选择图标，将填充类型设置为实色填充，将颜色设置为 #0000FF，如图 5.4 所示。

图5.2

图5.3 图5.4

5. 按住 Shift 键，用光标从画布左上角往右下角绘制。画出的圆应与画布一样大，400×400 像素，水平与垂直都居中。

6. 确保笔触色没有颜色。如果有笔触色，从拾色器选择无填充，如图 5.5 所示。

7. 使用快捷键 Ctrl+Shift+D（Windows）或 Command+Shift+D（Mac）复制椭圆。复制图像位置和原椭圆的 x、y 坐标一致。下面使用复制图像对原椭圆打孔，以创建空心环形。

8. 在属性面板上限定高宽比例，将新椭圆的宽设置为 350 像素。

9. 按 Tab 键，以按比例调整椭圆大小。

10. 为达到要求，小椭圆需要在大椭圆顶层居中。要将小椭圆对齐画布中心，打开对齐面板，并选择相对于对象。

11. 单击"水平居中"和"垂直居中"图标，如图 5.6 所示。

图5.5 图5.6

在矢量形状上打孔

小椭圆将被用来在大椭圆上打一个完全居中的圆孔，以创建空心环形。

1. 选择指针工具，并在两个椭圆上拖曳光标以选中它们。

2. 选择菜单"修改">"组合路径">"打孔"，如图 5.7 所示。

空心环形出现了，如图 5.8 所示。因为两个形状被修改并合并为一体，最终结果已不再是椭圆形状，而是一个叫"合成路径"的新路径。

3. 在图层面板上，重命名合成路径为 ring。

4. 将图层也重命名改为 ring，并锁定图层。

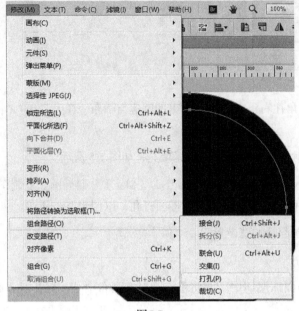

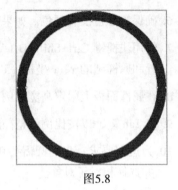

图5.7

图5.8

5. 将文件保存为 logo_working.fw.png。

添加水效果

添加水的效果，要使用半圆，自定义渐变填充和一些能充当水纹的直线。

为 Logo 添加水效果，需要先绘制一个椭圆形，然后使用刀子工具将形状切成两半。

1. 在属性面板上，单击"新建/重制图层"图标以创建新图层。

2. 将新图层重命名为 water。

3. 选择椭圆工具。

4. 按住 Shift 键，用光标从画布左上角往右下角绘制。画出的圆应与画布一样大，400×400 像素，水平与垂直都居中。

5. 放大视图至 200%。

6. 在矢量工具集中选择刀子工具（ 𝄗 ）。

7. 光标（此时已变为刀子图标）指向椭圆左边的中间控制点。

8. 按住 Shift 键，并拖曳光标至右边的中间控制点，如图 5.9 所示，然后松开鼠标。

图5.9

此时可以在图层面板上看到，椭圆已被切成两个半圆，如图 5.10 所示。

9. 在画布外单击，确保不选中任何对象。

10. 在图层面板上选中上半圆，并删除它。

使用刀子工具切开椭圆路径，可得到半圆。但从技术上来说，这个半圆不是闭合路径，这可能会有问题。例如，要在这个半圆路径上添加笔触色，只有它的实际路径才能生效，而顶部的直边不会应用笔触色。下面，要将路径闭合起来。

11. 选择部分选定工具。

12. 单击左边的中间控制点以选中它。白色的锚点将变为蓝色。

13. 按住 Shift 键，单击右边的中间控制点。

14. 选择菜单"窗口">"路径"，以打开路径面板。

15. 在"编辑点"部分，选择"结合点"如图 5.11 所示。

图5.10

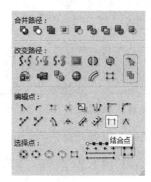

图5.11

16. 将对象重命名为 water。

Fw **注意**：如果没有想象中顺利，可保存文件后重启 Fireworks。

创建自定义渐变

为创建水的形状，下面将填充类型由实色填充改为自定义渐变。

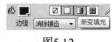

图5.12

1. 半圆仍处于选中状态，可直接将填充类型由实色填充改为渐变填充，如图 5.12 所示。

2. 单击填色框，以打开渐变编辑器。

3. 选择渐变栏左侧边缘上第一个色标（即渐变栏下面的色块）。"停止位置"数值为 0，如图 5.13 所示。

4. 光标指向第一个色标右侧，出现黑色箭头和加号（+），如图 5.14 所示，这是新色标光标。

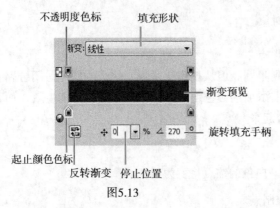

图5.13 图5.14

5. 单击鼠标，出现一个新色标，它的位置也显示出来了。

> **Fw** 提示："停止位置"栏是按百分比丈量的，从 0 到 100，其中 0 为渐变曲线起点，100 为终点。用户无需在 0 和 100 处放置色标，但要创建渐变，必须有至少两个色标才可以。

> **Fw** 注意：如果渐变曲线的颜色与此处所示不同，别着急，只需选中色标并修改颜色即可。

6. 将停止位置的数值设为 12，如图 5.15 所示。

7. 单击新色标，以打开拾色器。

8. 在十六进制栏填入 #12006F，如图 5.16 所示，并按 Enter 键。

9. 添加新色标，将停止位置设置为 36。

10. 将新色标颜色改为 #3333FF，并按 Enter 键。

11. 选中最右侧的色标，将它的停止位置设置为 56。

12. 将最右侧的色标颜色设置为 #66CCFF，此时自定义渐变上应有 4 种颜色，如图 5.17 所示。

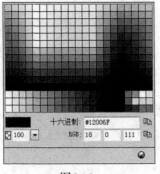

图5.15 图5.16 图5.17

13. 按 Enter 键，以关闭渐变编辑器。

14. 如果必要，选择指针工具，并单击对象 water。

形状上出现一个黑色控制臂，它可控制渐变填充的位置、方向、角度和长度。一端有一个圆形控制点，另一端有一个方形控制点。圆形控制点控制渐变的位置与起点，方形控制点控制渐变的角度与长度。一般情况下，线性渐变默认自上而下应用于对象的全高度。

Fw | **注意**：如果用户无意多添加了色标，只需拖曳其离开渐变预览栏即可删除。

这个自定义渐变看起来还可以，但读者可能会注意到它并不平滑或连续的，如图 5.18 所示。可使用渐变抖动选项，使得线性渐变（比如说当前这个）或径向渐变看起来平滑自然。

15. 在属性面板上，单击"渐变抖动"按钮（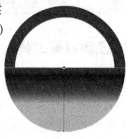）。

16. 保存文件。

图 5.18

Fw | **注意**：CS6 渐变编辑器中，新的选项包括停止位置栏和旋转填充手柄栏。这两个设置让用户可精确到像素地控制渐变色的起点（位置），也可直接以数值设置渐变角度。

添加水纹

为了在水上添加纹理，下面使用直线工具绘制若干不同长度的水平线。

如前所述，直线也是一种基本的路径，包括一个起点和一个终点，即 A 点到 B 点的基础几何图形。属性面板上设定的笔触属性决定两点间直线的属性，如笔尖大小、纹理和颜色等。

研究一下 Logo 的最终图稿，logo_finished.fw.png，发现还需要在水的形状上绘制若干条不同长度的水平线。

1. 确保不选中任何对象，然后选中直线工具（）。在属性面板上，将笔触色设置为黑色，鼻尖大小设置为 4，并选择描边种类为"铅笔" > "1 像素柔化"，如图 5.19 所示。

2. 单击并按住鼠标，以设置直线起点。

3. 拖曳光标至画布上的另一个位置，然后松开鼠标。

这样就成功绘制了一条直线。为保持直线完全水平，在绘制过程中按住 Shift 键即可。确保在松开 Shift 键前松开鼠标。

图 5.19

4. 继续画直线的步骤，并不时将作品与最终图稿做比对。直线长度倒不必和示例图像一致，但所有直线都必须是水平直线，如图20所示。

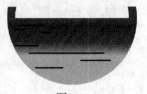

图5.20

5. 完成后保存文件。

Fw 注意：直线工具相当于位图工具中的铅笔工具。不像位图线条会被栅格化至最临近的图层，利用直线工具创建的直线保留矢量路径属性，使其方便编辑和调整位置。直线工具创建的路径默认只有笔触属性，不会自动应用填充属性。

路径和钢笔工具概述

下一步要为 Logo 项目添加山景。读者将使用钢笔工具创建这些形状。作为一个强大的矢量工具，钢笔工具让用户能够使用光标或光笔绘制自定义形状和路径，还让用户能够通过添加锚点以编辑现有的形状。使用位图工具铅笔时，用户基本上只需通过单击并拖曳就可绘制位图线条，但使用钢笔工具时，需要通过单击在两个锚点（路径改变方向的地方）之间绘制直线，或通过单击并拖曳来绘制曲线段。每当需要改变路径的方向时，都需要移动光标到所需的位置，然后通过单击设置一个锚点。读者在移动山景之前，先试着做一些练习。

1. 新建一个 500×500 像素的文档。

2. 如果画布颜色不是白色的，先将其设置为白色，然后单击"确定"按钮。

3. 选择钢笔工具。

4. 为方便看清最终的路径或选择该路径，确保指定了笔触颜色，将其设置为黑色就可以了。

5. 在画布左边单击，松开鼠标，以便创建第一个锚点。

6. 将光标移到画布中央，此时一条线随着光标移动，如图 5.21 所示。

7. 再次单击以设置另一个锚点，此时出现一条蓝线（即路径段）连接起两个锚点。根据笔触设置的粗细度，可以看见线条本身。下面这条线则太细，除非不选中，否则看不到，如图 5.22 所示。

图5.21   图5.22

8. 将光标移到画布右边。

9. 这次不是单击鼠标，而是按住鼠标并拖曳，这将拖曳出一个控制当前曲线段的控制臂，如图 5.23 所示，使用它能将路径段由直线改为曲线。路径段随着鼠标拖曳而愈加弯曲。

图5.23

10. 绘制出满意的曲线段后松开鼠标。当添加更多的锚点时，Fireworks 将以蓝色显示路径轮廓。

要结束路径，必须中止使用钢笔工具，否则路径会持续随着光标满画布走。要结束路径的绘制，可执行下述操作之一。

- 单击起始锚点创建一条闭合路径（形状）。
- 双击最后一个锚点创建一条非闭合路径。

其他矢量工具

本课不会使用Fireworks所有矢量工具，以下是其他矢量工具以及它们的功能。

- 矢量路径工具

矢量路径工具（）以较有序的方式绘制路径。这种工具使用光笔和画板进行绘画，效果是最好的。这种工具最适合使用光笔进行绘画，因为绘图板让用户能够实现精确控制和改变压力，但用户也可使用光标来绘制独立的路径。将矢量路径工具理解为手绘版钢笔工具，或矢量版刷子工具。

- 重绘路径工具

重绘路径工具（）提供了另一种无需使用钢笔工具就可编辑矢量形状或路径的方式。与矢量路径工具类型相似，用户使用手绘方式使用该工具。和矢量路径工具不同的是，它的主要功能是先创建一条新路径，并将其连接到一条现有的路径以改变其形状。注意该工具必须以活动路径或矢量形状的交集部分为起点。

- 自由变形工具

自由变形工具（）让用户能够以交互方式（而不是修改锚点的方式）弯曲矢量和调整其形状。用户可以使用该工具推拉路径的一部分，而Fireworks将添加、移动或删除路径上的锚点，以改变矢量对象的形状。

- 更改区域形状工具

更改区域形状工具（）推动位于改变区域形状图标的外圈内的所有选定路径的区域。可将其视为用于矢量的涂抹工具，但它不涂抹像素，而是修改路径的形状。

- 路径洗刷工具

路径洗刷工具（）用于修改应用于路径的笔触粗细，根据用户选用的工具加粗或缩小笔触。只有使用该工具绘画时覆盖的区域受影响，让笔触看起来更像是手绘的。

Fw 注意：如果看到的是十字形光标而非钢笔图标，那么要进入"首选参数"对话框的"编辑"部分，并取消选中复选框"精确光标"。

锚点基础知识

锚点有两种状态：角点和平滑点。要将角点转换为平滑点，可使用钢笔工具单击并拖曳出曲线控制臂（也叫贝塞尔控制臂）。

要将平滑点转换为角点，只需使用钢笔工具单击它，再次单击将删除该锚点。

如果要删除角点，可使用部分选定工具选择它，再按Delete键。

编辑路径

创建路径和形状很有趣，但这只完成了一半工作。知道如何编辑矢量（即能够定制它们）同样重要。

使用钢笔工具添加锚点

可使用钢笔工具在现有路径中添加锚点。下面使用前面创建的路径进行练习。

1. 确保前面绘制的路径处于活动状态，为此可使用指针工具选择它。

2. 选择钢笔工具。

3. 将光标指向路径上笔直的线段，注意到钢笔工具的旁边有一个加号（+），如图 5.24 所示。单击将创建一个锚点。

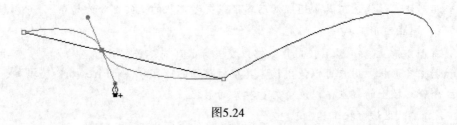

图5.24

路径不会因此延长，读者只是添加了一个锚点，可以使用部分选定工具改变路径的走向，或使用钢笔工具调整路径线段的曲度。

4. 要中止使用钢笔工具，双击路径的最后一个锚点。这让钢笔工具可重新绘制路径。

Fw 注意：处理矩形形状时，不能添加锚点至路径。添加额外的锚点前，必须取消组合。

使用部分选定工具编辑路径

创建路径后，可使用部分选定工具（ ![]）选择各个锚点并调整其位置，从而修改路径的形状。

部分选定工具的工作原理类似于 Photoshop 和 Illustrator 中的直接选择工具。

1. 从工具面板中选择部分选定工具。

2. 将光标指向在第一个练习中用钢笔工具创建的路径的中间锚点。如果路径没有处于活动状态（呈蓝色），单击路径的任何地方将路径激活。

3. 单击中间的锚点并向下拖曳，如图 5.25 所示，松开鼠标后将重绘路径。

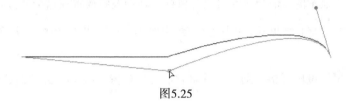

图5.25

在这个文件上多试试钢笔工具，但不必保存练习文件（当然，除非特别喜欢练习的成果）。下面的练习将让钢笔工具真正发挥用处。

> **Fw** 注意：要将部分选定工具用于自动形状或使用矩形工具创建的矢量，必须首先将它们取消组合：选择菜单"修改" > "取消组合"或使用快捷键 Ctrl/Command + Shift + G。这将导致它们丢失其独特的特征，即自动形状将丢失黄色控制手柄，用户无法在属性面板中修改矩形的角半径。

> **Fw** 注意：大多数设计都包含用于放置其他对象的元素，如文本和图形。回顾第 3 课的网站设计模型，当时使用了矩形定义边栏和主内容区域。当标准形状无法满足需求时，用户可使用钢笔工具创建自定义矢量形状或路径。

> **Fw** 注意：文本也是矢量，但本课重点介绍形状和路径。

使用矢量工具绘制山

Near North 的 Logo 上靠右边有一些山的标识，下面将使用钢笔工具创建这些山的图像。

为使读者牛刀初试创建自定义形状顺利进行，下面先添加一些辅助线。

添加辅助线

辅助线可用于帮助在画布上对齐和放置对象。在默认情况下，钢笔工具会自动对齐到最近的辅助线。为帮助绘制山的图像，在使用钢笔工具之前，先添加若干辅助线。

1. 单击选项卡，切换回 Logo 图像。

2. 确保标尺和工具提示处于启用状态，可选择菜单"视图">"标尺"和菜单"视图">"工具提示"查看。

3. 选择指针工具。

4. 将光标指向左边的标尺。

5. 单击并向右拖曳，将出现一条垂直辅助线。另外，辅助线旁边还有工具提示，其中包含 x 值。

6. 当工具提示中显示的 x 值为 206 时松开鼠标，辅助线将放置在这个地方。

7. 拖曳出另外六根垂直辅助线，并将它们分别放置在 263、282、308、337、365 和 395 处，如图 5.26 所示。

8. 从上面的标尺拖曳出五根辅助线，并将它们分别放置 y 值 48、53、87、98 和 246 处。如图 5.27 所示。

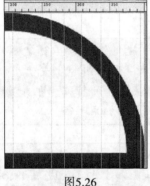

图5.26

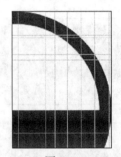

图5.27

Fw | 提示：如果要获得更高的精度，可双击辅助线，再使用数值指定辅助线的位置。

Fw | 提示：如果觉得辅助线妨碍了操作，可使用快捷键 Ctrl+；（Windows）或 Command+；（Mac），或选择菜单"视图">"辅助线">"显示辅助线"暂时隐藏辅助线。也可以通过菜单"视图">"辅助线">"清除辅助线"完全删除辅助线。

使用辅助线绘制自定义矢量形状

新用户可能会对这一排排的线感到迷惑。读者现在正是处理路径的新手，要高度重现原件的 Logo 图像，这些辅助线是非常方便的。

1. 新建图层，命名为 mountains。

2. 选择菜单"视图">"辅助线"，确保勾选"对齐到辅助线"项。

3. 在工具面板上选择钢笔工具。

4. 在属性面板中将笔触色设为黑色，将笔尖大小设为 1 像素，将描边种类设为"1 像素柔化"。

5. 将填充色设置为颜色值 #4D8E3B，中度绿色。

好了，接下来的步骤将描述到鼠标动作和位置，听起来会有些迷惑，但务必要依照步骤仔细留意图形。

6. 将光标指向左下角的辅助线交叉点，单击设为起点，如图 5.28 所示。

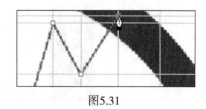

图5.28

7. 将光标往右上方向移至下一条垂直辅助线和倒数第 2 条水平辅助线的交叉点，如图 5.29 所示。

8. 单击鼠标以设置新锚点。

9. 将光标往右下方向移至第 3 条垂直辅助线和倒数第 3 条水平辅助线的交叉点，如图 5.30 所示。

10. 再次单击鼠标以设置新锚点。

11. 将光标往右上方向移至最顶的水平辅助线和下一条垂直辅助线的交叉点，并单击鼠标，如图 5.31 所示。

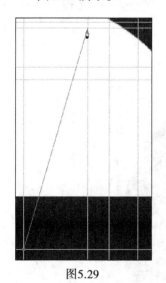

图5.29　　　　　　图5.30　　　　　　图5.31

12. 将光标往右下方向移至倒数第 4 条水平辅助线和右起第 3 条垂直辅助线的交叉点，并单击鼠标，如图 5.32 所示。

13. 将光标往右上方向移至倒数第 3 条水平辅助线和右起第 2 条垂直辅助线的交差但，并单击设置为锚点，如图 5.33 所示。

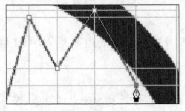 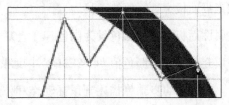

图5.32   图5.33

14. 将光标往下移至最右的垂直辅助线和倒数第 1 条水平辅助线的交叉点，单击并拖曳鼠标以形成曲线路径，如图 5.34 所示。

15. 往右下方向拖曳曲线控制臂，直到山的曲线与蓝色圆形 Logo 突出的边缘重合。

松开鼠标，重合若稍有差池也无所谓，稍后再通过编辑锚点进行调整。

对曲线解感到满意时，需要将路径改回直线。

16. 将光标移回最后创建的锚点，并单击。

这将把路径最后一个线段改回为直线。

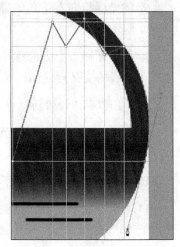

17. 将光标移回最初的锚点。看到闭合路径的光标时，最后一次单击鼠标，如图 5.35 所示。

图5.34

此时路径闭合，路径内以第 5 步设定的实心绿色填充，如图 5.36 所示。

 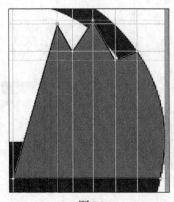

图5.35   图5.36

18. 保存文件。

练习

至此，已经讲解了如何自定义渐变填充色，以及如何使用钢笔工具的基础。对比最终版本图像，现在 Logo 图形的山区域仍需要渐变填充，以及在前景添加另一片山，如图 5.37 所示。

研究一下最终版本图像，查看添加的渐变填充以及使用钢笔工具创建的另一片山有多符合要求。读者可以对最终版本图像上的对象取消锁定，以分别查看它们的属性。

图5.37

创建图标

Local 手机应用模型的导航按钮上，需要添加图标，如图 5.38 所示，包括总览页面上的图标。读者本次练习的任务是为 Enjoy 按钮和 Enjoy 类的总览页面绘制一个马丁尼酒杯图标。

除了气泡以外，读者将使用复合形状工具创建所有的形状。读者将另外使用一种妙招来创建气泡。复合形状工具可在属性面板上找到，它能让用户暂时组合矢量对象，使得创建复杂矢量形状更简单。读者可以部分选定组合中的矢量对象，并像独立对象一样编辑它们，也可使用指针工具调整组合对象的位置。

图5.38

对工作成果感到满意时，可将多个路径组合为一个合成路径。

复合形状工具包含 6 个控制选项：正常、添加 / 联合、去除 / 打孔、交集、裁切和组合，如图 5.39 所示。"正常"是默认设置，每一个形状都是独立对象。当用户绘制矩形、椭圆或多边形等矢量形状，或使用钢笔工具时，可使用其他控制选项，以不同方式组合对象。

开始添加形状之前，先准备好画布。

1. 新建一个 500 × 500 像素的文档

2. 设置画布颜色为白色。

3. 确保智能辅助线和工具提示仍处于启用状态（菜单"视图">"智能辅助线">"显示智能辅助线"、"视图">"工具提示"）。

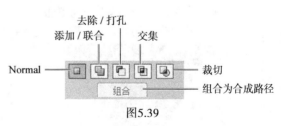

图5.39

4. 确保属性面板展开，能看见面板右侧的复合形状工具。

Fw | **注意**：复合形状工具只有在矢量工具或矢量对象被选中的情况下才为可见。

添加形状

吹玻璃工人可以用一块材料吹出高脚杯，马丁尼酒杯则得由 3 个形状组装而成：杯身、杯脚和底座。添加这 3 个形状需要用到不同的矢量工具，但都属于复合形状工具。

添加杯身

下面使用多边形工具绘制一个三角形，以创建酒杯杯身。

1. 选择多边形工具，如图 5.40 所示。

2. 将填充色设置为红色，笔触色设置为无填充。

3. 在属性面板上，确保形状设置为多边形，边的数量设为 3，保留角度的默认值，勾选"自动"，如图 5.41 所示。

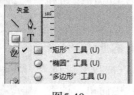
图5.40

图5.41

4. 绘制一个水平宽度为 250 像素的三角形。实操可能会有点棘手，三角形会随绘制动作旋转。尽可能保持顶线为水平，但也别太计较细节，稍后还可使用部分选定工具来调整。

此时杯身就出来了，如图 5.42 所示。

5. 调整三角形的位置，使其居中。可利用辅助线协助居中。

6. 选择缩放工具。

7. 按住 Alt 键（Windows）或 Option 键（Mac）并拖曳左边或右边的中心控制手柄，如图 5.43 所示，直到对杯身的宽度满意为止。

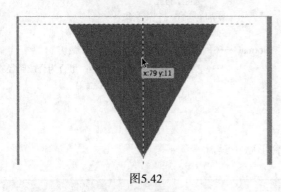
图5.42

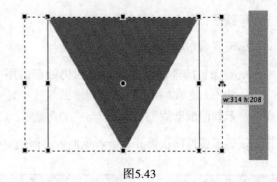
图5.43

8. 按 Enter 键以提交修改。

9. 如果需要摆正三角形，可选择部分选定工具，并单击需要修改的控制点。使用箭头键修改控制点的位置，每次调整 1 像素。

Fw　**提示**：如果不能完美摆正杯身，则从顶部标尺上拖曳一条辅助线，并置于杯身顶部附近。放大视图，以突出控制点，并拖曳控制点至辅助线上。两边都必须如此，否则杯身顶部无法平衡。

添加杯脚

下一步使用复合形状的矩形工具，以添加杯脚。

1. 在属性面板上，选中复合形状工具的"添加/联合"图标，如图 5.44 所示。将光标移至图标上，Fireworks 就会打开工具提示，显示图标名称。

2. 选择矩形工具，绘制酒杯的杯脚。杯脚本身应是相对较窄的，大约 40 像素宽，且会覆盖三角杯身的底部。

图5.44

3. 选择指针工具，单击其中一个形状。注意到两个形状都被选中，此时可将二者作为一个对象移动。

4. 选择部分选定工具，单击杯脚矩形。

矩形的 4 个控制点突出显示为蓝色，而杯身三角形显示黑色轮廓线，如图 5.45 所示。蓝色表示选中状态。

5. 为使杯脚自上而下逐渐变细，矩形首先必须脱离组合，可使用快捷键 Ctrl+Shift+G（Windows）或 Command+Shift+G（Mac）取消组合，使其边角可编辑，或用户也可以使用倾斜工具以收窄矩形底部。

6. 使用部分选定工具，或以直接拖曳的方式，将两边的底部控制点往中心移动 10 像素左右。也可使用倾斜工具，按住 Alt 键（Windows）或 Option 键（Mac）并拖曳两边底部控制点，如图 5.46 所示。

图5.45 　　　　图5.46

添加底座

最后使用椭圆工具添加酒杯底座，并"添加/联合"到酒杯。

1. 使用指针工具选中整个对象，确保复合形状工具的"添加/联合"图标仍被选中。

2. 选择椭圆工具，绘制一个椭圆作为酒杯底座。

3. 使用部分选定工具调整椭圆的位置，使其左右居中。接下来，对底座进行修改，使其变成圆锥形。

4. 选择钢笔工具，单击椭圆顶部控制点。这使控制点从
  弯曲点变成直线点，圆锥就形成了。

5. 按住 Shift 键并按向上箭头键一次或两次，以强化锥子
  的形状，如图 5.47 所示。如果必要，选择菜单"修改">"画
  布">"符合画布"增大画布，以容下整个对象。

图5.47

此时，整个复合形状已经完成。

Fw | 注意：记得在设计过程中赋予对象适当的命名。当酒杯的复合形状完成时，就
以马丁尼酒杯命名吧。

Fw | 注意：当复合形状完成时，别忘了保存起来。使用文件名 martini_icon.fw.png。

来杯 Cosmo 起泡酒

在酒杯里添一些起泡酒，可以尝试几种技巧。第一种技巧仍有赖于复合形状工具，多花一些
时间，气泡酒会更好控制。

方法 1：画圈并打孔

还记得之前学习的给 Logo 图稿打孔的操作步骤吗？这并不复杂，但下面为造出许多泡沫，要
反复多次打孔。使用复合形状工具可快速完成矢量对象打孔，完成后还保留可编辑状态。

1. 从矢量工具集里选择选择椭圆工具。

2. 按住 Shift 键，并在杯身中绘制一个小圆圈。

3. 选择部分选定工具，单击圆圈。圆圈的填充色与酒杯一致。

4. 单击复合形状工具的"去除/打孔"图标，如图 5.48 所示。这在主形状上给圆圈打孔，可
透视到白色画布。

这个功能最酷之处在于能给整个复合形状打孔。

一般情况下，这个过程需要若干步骤，而结果是永久的。这和复合形状工具不同。

5. 确保部分选定工具处于活动状态，单击并拖曳椭圆。

图5.48

添加更多气泡

显然，一个气泡不够。与其再绘制一个，不如创建已有气泡的副本。

1. 选中气泡，使用快捷键 Ctrl+Shift+D（Windows）或 Command+Shift+D 以复制它。

2. 使用箭头键或部分选定工具，调整新气泡的位置。创建若干新气泡并随意调整位置。注意到打孔效果随克隆而保留。

3. 克隆更多气泡并调整位置。

现在，到处都是气泡。但所有气泡都是同样大小，所以要修改气泡大小。

4. 使用部分选定工具，选中任何一个气泡，如图 5.49 所示。

5. 在属性面板上，选择宽与高之间的"限定比例"。

6. 填写一个新宽度，并按 Tab 键。选中椭圆的大小等比例地出现了变化。

7. 选中另一个椭圆。注意到限定比例仍有效，这个设置不是基于对象的，而是对本文档全局通用的。

图5.49

8. 继续这个操作，调整酒杯里右侧的气泡大小，直到读者自己满意或图像与示例文件相符为止。

方法 2：使用自定义笔触

如果要让图像看起来较随意（或是使用更快捷的方式绘制一大堆气泡），用户可绘制一条路径并应用自定义笔触。但这个操作并不会成为复合形状的一部，因为复合形状工具要求形状（闭合路径）。若非要，它会强制将路径转化为形状。

1. 单击画布以外的地方，确保没有选中任何对象。

2. 选择矢量路径工具，如图 5.50 所示。

3. 选择笔触描边种类为"非自然"＞"油漆泼溅"，如图 5.51 所示。

4. 选择笔触色为白色，将笔尖大小设置为 15，边缘为 1，如图 5.52 所示。

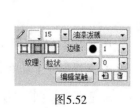

图5.50　　　　　　　　　　图5.51　　　　　　　　　　图5.52

5. 选择"编辑笔触"按钮。

6. 将间距调为 101%，设置边缘效果为无，如图 5.53 所示，然后单击"确定"按钮。

7. 单击属性面板上的"保存自定义笔触"图标，以保存自定义笔触，命名为 Bubbles。

8. 使用矢量路径工具，在马丁尼酒杯顶部绘制一个 S 形路径。气泡立马出来了。这种效果相当随机，所以别指望气泡的位置与路径完全一致。

9. 保存工作成果。

如果觉得这些气泡仍太集中，选择菜单"修改">"改变路径">"简化"，并将数值设置为 10。这将减少气泡数量，并使气泡向外散开。

首次使用该工具需要几个步骤，但现在读者已有自定义笔触，可随时使用。

图5.53

使用自动形状

自动形状是矢量图像，包含呈菱形的控制点，让用户能够修改视觉属性，如角的圆度、角的形状或星形的点数。自动形状包含 JavaScript 逻辑，依据用户的修改重绘形状。大多数控制点都有工具提示，指出它们将如何影响自动形状。下面添加一个自动形状，将其用作马丁尼酒杯的背景。

1. 在工具面板上的矢量工具集选择圆角矩形工具（单击并按住矩形工具，以打开浮动菜单查看其他可用的工具）。

2. 按住 Shift 键，拖曳出一个 500×500 像素的矩形。

没错，这个形状超出了画布。松开鼠标时，可看到 4 个角上有黄色菱形控制点。读者应该也注意到，这个形状继承了上一个矢量形状的属性，气泡浮泛，看起来相当复杂。

3. 在属性面板上，选择"符合画布"，如图 5.54 所示。此时画布扩展，以容下整个图稿。

图5.54

用这种方法修改画布大小后，Fireworks 会自动（这也许很烦人）选中图稿所有对象。

4. 选择指针工具单击画布以外，确保不选中任何对象。

5. 重新选中圆角矩形。

6. 修改填充色为无填充，设置笔触色为与酒杯一样的红色。打开拾色器后，直接把光标移到酒杯上，即可设置笔触色。

7. 将描边种类设置为"毛毡笔尖">"暗色标记"。

8. 将笔尖大小设置为 10，边缘设置为 0。

9. 在图层面板上，将这个新形状命名为 border，并调整图层堆叠顺序，使马丁尼酒杯在其之上。

10. 使用指针工具及辅助线，以调整酒杯的位置，使其居于画布中心。

11. 拖曳 4 个角上随意一个控制手柄，可修改矩形的圆角角度，如图 5.55 所示。

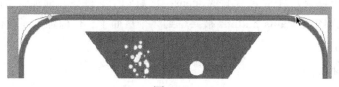

图5.55

此外，用户可打开自动形状属性面板（选择菜单"窗口">"自动形状属性"），通过选择圆角矩形图标并修改数值来调整圆角角度，如图 5.56 所示。留意在打开自动形状属性前，自动形状处于选中状态，否则会按设置的属性创建新形状。

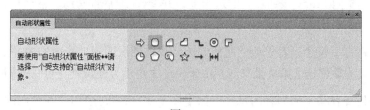

图5.56

有了饰边，这个图标已经可作为按钮使用了。

12. 保存并关闭文件。

接下来，将马丁尼酒杯文件导入到移动应用模型里。

Fw 提示：在图层面板中上下拖曳对象时，将使其分别远离和接近画布。也可使用"修改">"排列"菜单中的 4 个选项之一来修改选定对象的堆叠顺序：移到最前、上移一层、下移一层和移到最后。如果经常使用这项功能，则记住使用快捷键 Ctrl + 上箭头 / 下箭头（Windows）或 Command + 上箭头 / 下箭头（Mac）将节省大量时间。

Fw 注意：要将部分选定工具用于自动形状或使用矩形工具创建的矢量，必须首先将它们取消组合：选择菜单"修改">"取消组合"或使用快捷键 Ctrl/Command + Shift + G。这将导致它们丢失其独特的特征：自动形状将丢失黄色控制手柄；用户无法在属性面板中修改矩形的角半径。

导入矢量对象并调整其大小

这个马丁尼酒杯对一个移动应用来说尺寸过大，但在这个尺寸创建它更为简便。读者之前处理过矢量对象，应该知道缩放矢量对象不会对图像质量造成任何影响。下面导入图标至移动应用模型，并进行缩放使其与设计相称。

1. 打开文件 localpicks_320x480_icons.fw.png。

2. 选择页面 HomeDay，指向子文件夹 icons。注意到子文件夹先前加入了图层 Main buttons 的文件夹里，而图层 Mains buttons 被共享到多个页面了，任何加入子文件夹的对象都会被共享到各页面。

3. 选择子文件夹 icons。

4. 选择菜单"文件">"导入"，找到完整的马丁尼酒杯图片，单击"打开"按钮。

由于这是一张 FireworksPNG 图片，读者将会先看到预览窗口。确保没有选中复选框"在当前页之后插入"，单击"导入"按钮，如图 5.57 所示。

5. 将导入光标指向 Enjoy 按钮靠右的边缘上，并 layer 至底部边缘，然后松开鼠标，如图 5.58 所示。

6. 其他的图标都不包含读者先前创建的饰边，可在图层面板上指向饰边并删除它。如果读者还用自定义笔触创建了第 2 批气泡，由于尺寸太小不方便识别，可一并删除。

7. 在属性面板查看马丁尼酒杯的尺寸。如果高于 37 像素，启用"限制比例"，将高度调整为 37，并按 Tab 键。

8. 将 x、y 值分别设置为 258 和 414，这让酒杯图标和按钮相称，不超出顶部或底部，如图 5.59 所示。

图5.57

图5.58

图5.59

9. 保存文件。

本课内容不少。矢量工具是 Fireworks 创造性制作工具中的大人物，而且能适应使用这些工具是很重要的。虽然课程中没有用到自动形状属性面板，但是推荐用户看一看，可以知道 Fireworks 包含哪些预设的矢量形状。

> **Fw** | **注意：** 在 Mac 版的 Fireworks 中导入图像时，可能需要在画布上单击以激活画布，然后再次单击以导入图像。

复习

复习题

1. 在执行缩放操作方面，位图和矢量之间的一个主要差别是什么？

2. 什么命令可使文本围绕路径形状？这个命令在哪个菜单里？

3. 自动形状是什么？在哪里可以找到它们？

4. 创建矢量对象或路径后，如何编辑其锚点？

5. 钢笔工具有何用途？

6. 复合形状工具有何用途？

复习题答案

1. 调整矢量图像的大小时，无论放大还是缩小，其质量都不会下降，而位图图像会下降。

2. 可使文本围绕矢量形状的命令可在菜单"文本">"附加到路径"找到。在使用命令前，确保矢量形状和文本都处于选中状态。命令生效后，文本和矢量型状仍保留可编辑性。

3. 自动形状是包含菱形控制点的对象，这些控制点让用户能够修改外观属性，如角的圆度。拖曳控制点将修改相应的外观属性，大多数控制点都有工具提示，描述了它们将如何影响自动形状。基本的自动形状绘画工具可在工具面板中找到，而更复杂的自动形状可在形状面板中找到。

4. 要编辑现有矢量对象的锚点，可选择部分选定工具，再单击并拖曳锚点以调整与其相连的路径的位置。

5. 钢笔工具让用户能够使用鼠标或光笔绘制自定义形状和路径，还让用户能够在现有的路径上添加锚点。使用钢笔工具时，需要通过单击在两个锚点（路径改变方向的地方）之间绘制直线或通过单击并拖曳来绘制曲线段。每当需要改变路径的方向时，都需要将鼠标移到所需的位置，然后通过单击设置一个锚点。

6. 复合形状工具让用户能够将简单形状组合起来以创建复杂的矢量形状，同时让其中的每个形状都是可编辑的。用户可快速而轻松地尝试各种矢量效果，如打孔或交集，而无需执行一系列破坏性步骤。

第6课　蒙版

课程概述

蒙版是一种重要的图像处理技巧，与笔触、动态滤镜和渐变填充结合使用，且不会永久性地修改图像。在 Fireworks 中，可轻松、无缝地使用位图蒙版和矢量蒙版。在本课中，读者将学习如下内容：

- 从选区创建位图蒙版；
- 使用刷子工具编辑位图蒙版；
- 从自定义矢量形状创建矢量蒙版；
- 使用属性面板编辑矢量蒙版及修改其属性；
- 使用"自动矢量蒙版"命令。

学习本课需要大约 90 分钟。如果还没有将文件夹 Lesson06 复制到硬盘中为本书创建的 Lessons 文件夹中，那么现在就要复制。在学习本课的过程中，会覆盖初始文件；如果需要恢复初始文件，只需从配套光盘中再次复制它们即可。

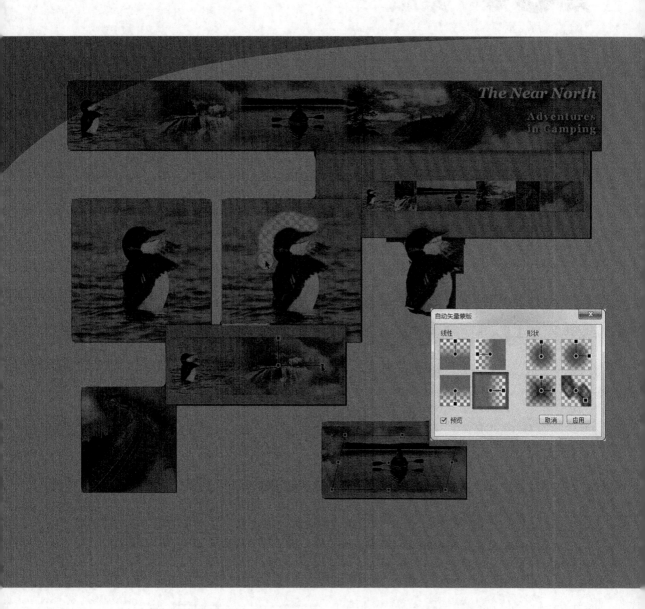

通过使用蒙版，可开启创意的大门，还可提高设计的灵活性，
因为使用蒙版不会永久性地删除像素，而只是将其隐藏。

项目概述

本课将为 Near North 冒险网站创建一幅横幅广告。在此过程中，将使用刷子工具、钢笔工具和部分选定工具，并在导入的图像上绘画。

但在此之前，将讨论两种蒙版之间的区别，并查看最终图稿以了解将要制作的内容。

1. 打开文件夹 Lesson06 中的文件 near_north_banner_final.fw.png。

在该文件中，一些图像应用了蒙版。在很多情况下，都将蒙版的填充改成了渐变，使渐隐为背景的效果更逼真。

仔细看图层面板，留意到每一个位图的缩略图边上有另一个缩略图，代表蒙版的应用。可单击相应的缩略图切换编辑蒙版或编辑图像的界面。

两个缩略图之间的链节图标表示两个对象是相关联的。对象和相应的蒙版相关联起来，这一点很重要，这就可以将它们作为一个对象同时缩放或移动。

单击链接图标可以剔除关联，这让用户可以单独缩放或移动对象。如图 6.1 所示。

图6.1

2. 关闭该文件，也可让它打开以便在学习本课的过程中参考。

> **Fw** 注意：本书中所有用于模拟 Near North 网站的图片都由 Jim Babbage 创作，且允许被自由用作个人或教育用途。

蒙版概述

简单地说，蒙版隐藏或显示对象或图像的某些部分。蒙版是一种对设计中的对象进行裁剪的非破坏性方式，不会永久性地删除任何东西。可随时编辑或丢弃蒙版，还可永久性地应用蒙版，从而将其拼合到图像中。有两种基本的蒙版：位图蒙版和矢量蒙版。

位图蒙版

位图蒙版使用基于像素的蒙版隐藏位图图像数据。可使用其他位图图像、选区或刷子工具（ ）。

位图选区

要建立用于制作蒙版的选区，可使用任何位图选取工具（选取框工具、椭圆选取框工具、套索工具、多边形套索工具和魔术棒工具）。在属性面板中使用"动态选取框"设置指定选区的边缘类型——实边、消除锯齿或羽化，然后绘制选区。位图选区只能用于创建用于其他位图的蒙版。

刷子工具

通过使用刷子工具进行绘画，可轻松地在画布上动态地创建或编辑蒙版。黑色隐藏，白色显示，而灰色将导致半透明。本章后面将再次强调这个重要的基本概念。如果将刷子的颜色设置为灰色，刷子覆盖的区域将变成半透明的。

使用刷子工具创建位图蒙版

创建位图蒙版非常简单，在图层面板上单击"添加蒙版"图标，然后使用刷子工具绘制即可，如图6.2~图6.4所示。

图6.2 原图　　　　图6.3 使用刷子工具　　图6.4 带蒙版的最终图像
　　　　　　　　　　开始绘制位图蒙版，
　　　　　　　　　　刷子颜色设置为黑色

Fw 提示：可将一个位图图像的灰度值用作另一个位图图像的蒙版。只需选中两个位置相同的位图对象，选择菜单"修改" > "蒙版" > "组合为蒙版"即可。顶层的图像会被转换为灰度，灰度值将决定顶层图像的可视性。在用作蒙版的照片中，较暗的色调将遮盖被蒙住的图像，而较亮的色调将显示被蒙住的图像。

矢量蒙版

矢量蒙版是 Fireworks 中最强大的功能之一。和位图蒙版一样，矢量蒙版也是一种裁剪图像的非破坏性方式，但与位图蒙版不同的是，矢量蒙版可用于矢量、位图、编组和图形元件。

相比于位图蒙版，矢量蒙版通常提供了更大的控制权和更高的精度，因为用户将使用路径而不是刷子创建它们。修改矢量蒙版的填充和笔触很容易，使用位图蒙版获得相同的效果将需要更长的时间。

矢量蒙版使用两种模式：路径轮廓和灰度外观，如图 6.5 所示。用户可在属性面板中修改模式。

蒙版：◉ 路径轮廓
　　　○ 灰度外观

图6.5

在路径轮廓模式下，矢量蒙版类似于饼干模型切割刀，将路径形状用作蒙版，如图 6.6 所示。

在灰度外观模式下，矢量填充中的所有位图信息将转换为灰度 Alpha 通道。灰度外观使用矢量填充和笔触的像素值和矢量形状本身来创建蒙版。因此，如果矢量蒙版包含某种色调范围（如渐变填充），将根据这些色调来隐藏或显示图像。就像位图蒙版一样，黑色隐藏，白色显示，而灰色的结果为半透明，如图 6.7 所示。在该图中，使用线性渐变填充了矢量形状。

图6.6   图6.7

方便的"自动矢量蒙版"功能的工作原理与此类似，本章后面将尝试使用它。

无论是使用形状工具绘制的矢量形状，还是使用钢笔工具创建的自定义形状，都可轻松地将其用作蒙版。

设计横幅

读者将在本课处理的横幅广告包含很多元素：导入的素材、蒙版、渐变、文本和图层等。设计这个横幅对读者来说，是非常好的位图及矢量蒙版设计练习，同时也能巩固前面的课程学到的设计技巧。

创建文档

首先新建一个基本文档，用于放置要设计的所有元素。

1. 选择菜单"文件">"新建"。

2. 在"新建文档"对话框中，将宽度设置为 960 像素，高度设置为 120 像素。

3. 在图层面板中，将图层默认的名改为 background。

4. 再创建两个空图层，重命名为 text 和 collage。图层 text 应置于堆叠顺序的最上层，如图 6.8 所示。

5. 锁定图层 text 和图层 collage。

6. 将文件保存为 near_north_banner.fw.png。

图6.8

添加背景

最终的横幅图片背景并非纯色，而是一张图片，下面来添加该背景。

1. 确保图层 background 被选中。

2. 选择菜单"文件" > "导入"，找到文件 bluesky.jpg。

3. 将导入光标指向画布左下角，单击并拖曳至右上角。导入的图像比所需要的更高，但没关系，这样可以灵活取用图像的任意部分。

最终图稿使用的是天空图像的下部分。在这里读者可以垂直调整图像的位置，选用最满意的部分作为背景，如图 6.9 所示。

图6.9

4. 锁定图层 background。

 提示：在 Mac 中，用户可能需要先单击以选择画布，再单击以导入图像。

创建拼贴画

接下来要导入 5 张景色图像，设计成拼贴画。在应用蒙版前，读者将先导入全部 5 张图像。这个工作流并不是强制的，但因为大多数蒙版会有重叠混合，这样做对逐个应用蒙版会有帮助。

1. 单击图层名 collage 旁边的锁定图标，以取消锁定该图层。

2. 选择菜单"文件" > "导入"。

3. 打开文件夹 Lesson06 中的文件 loon.jpg。

4. 光标变成导入图标后，将鼠标指向画布的左边缘附近。单击并拖曳直到宽度大约为 410 像素。

记住，缩放导入的图像时，不会出现工具提示，请通过属性面板获悉高度和宽度。

5. 在属性面板中，将图片的 x 和 y 坐标分别设置为 -183 和 -68 像素。这让图像 loom 靠左。

6. 在图层面板中，将该对象重命名为 loon。

7. 选择菜单"文件">"导入"，选择文件 highfalls.jpg。

8. 单击并拖曳光标直到宽度为大约 215 像素时松开鼠标。

9. 在属性面板中，将 x 和 y 坐标分别设置为 141 和 -18 像素。

10. 在图层面板中，将该对象重命名为 waterfall。

11. 导入文件 joe_kayak.jpg。

12. 当宽度为大约 330 像素时松开鼠标。将 x 和 y 坐标分别设置为 237 和 -42 像素。

13. 在图层面板中，将该对象重命名为 kayak。

14. 导入最后两张图片：white_river.jpg 和 tracks.jpg。

15. 白色小河的图像的宽度应设置为 214 像素，x 和 y 坐标分别设置为 495 和 -8 像素。

16. 铁轨图像的宽度应设置为 104 像素，x 和 y 坐标分别设置为 665 和 -22 像素。效果如图 6.10 所示。

图6.10

此时，图稿效果看起来并不特别好。但下面应用不同的蒙版技巧，就能创造出一个精美的横幅图形。

> **Fw** | 提示：记住，通过将图像导入到打开的文档中的方法，便无需将图像打开、复制并粘贴到另一幅图像中。

使用自动矢量蒙版实现快速渐隐

稍后将创建更复杂的蒙版，但对这只潜鸟而言，使用"自动矢量蒙版"命令非常合适。

使用该命令不仅可以快速创建蒙版，还能够预览效果。该命令可用于矢量对象和位图对象。

1. 除图像 loon 和 background 外，隐藏所有图像。

2. 在图层面板中或画布上，选择图层 loon。

3. 选择菜单"命令">"创意">"自动矢量蒙版"。这将打开一个对话框。

4. 选择从实心到透明的水平线性渐变，如图 6.11 所示。

5. 移动对话框以免它遮住潜鸟，从而能够在画布上预览效果，如图 6.12 所示。

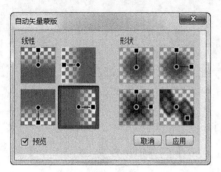

图6.11

图6.12

6. 单击"应用"按钮。

这个命令可以创建遮罩住整个原件图像的矢量蒙版，不论图像在画布上是显示全部还是部分显示。

注意到渐隐效果起始点偏左，较为可观的一部分并不显示在画布上。

7. 选择指针工具。

8. 将圆形控制手柄放在潜鸟正中。可能需要放大视图以突出控制手柄。

9. 将方形控制手柄向左拖曳，如图 6.13 所示，渐隐效果作用于图像右侧，与背景图像无缝混合。下面自己动手，对 waterfall 图像应用另一个自动矢量蒙版吧。

图6.13

FW **注意**：绿色的方块表示蒙版的 4 个角。自动矢量蒙版使用矩形蒙版，而且因为是特殊形状，用户看不到四周的定界框。如果用户使用钢笔工具或椭圆工具创建蒙版，或取消矩形形状的组合，就能在蒙版被选中时看到矢量形状突出显示。

FW **提示**：由于自动矢量蒙版的动态预览特征，用户可在应用设置前看到结果；另外，属性面板指出了您创建效果时使用的是哪种渐变。

---

10. 锁定图像 loon，恢复显示图像 waterfall。

11. 再次选择菜单"命令">"创意">"自动矢量蒙版"。

12. 选择椭圆形状渐变，单击"应用"按钮，如图 6.14 所示。

13. 使用指针工具调整两个控制臂。垂直控制臂应止于图像顶部，水平控制臂应向左拖曳，直到两边不再有明显的实边为止，如图 6.15 所示。

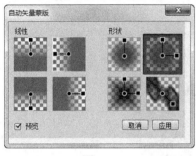

图6.14

图6.15

14. 在属性面板上，单击填色框，以打开渐变编辑器。

15. 选择白色的色标，修改停止位置为 33%，如图 6.16 所示。

16. 按 Enter 键应用修改。

现在，瀑布图像的中心部分看起来较为有质感。

17. 保存文件。

给图像添加蒙版后，可通过拖曳图像中间的小型蓝色控制图标（  ）来调整图像的位置。仅当选择了图像而不是蒙版时，该图标才可见。

图6.16

创建和编辑蒙版

至此，已经为制作横幅做了大量工作，并导入了大量的素材。下面使用自定义蒙版将大部分背景隐藏起来，并将其他图像混合成拼贴图。

创建矢量蒙版

要为对象快速添加蒙版，自动矢量蒙版是非常实用的，但一定要控制好蒙版的大小及形状。在下一个练习中，读者将创建一个简单的自定义蒙版。

1. 恢复显示图像 kayak。

将当前图像和最终图稿做对比，看到最终图稿中皮艇图像显示的部分较少。

2. 在工具面板上选择矩形工具。

3. 在属性面板上，将边缘从"消除锯齿"改为"羽化"，将羽化总量设置为20，如图6.17所示。

4. 选择实色填充图标，将填充色设置为白色。

图6.17

5. 在kayak图像顶部绘制一个小矩形，尺寸为210×99像素。稍后再调整矩形的位置。现在，确保矩形大致位于kayak图像中间。

6. 选择指针工具。

7. 按住Shift键，并选中kayak图像，此时两个对象都处于选中状态，如图6.18所示。

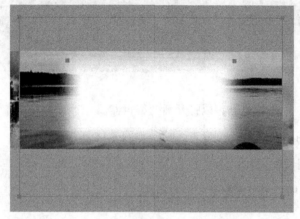

图6.18

8. 选择菜单"菜单">"蒙版">"组合为蒙版"，如图6.19所示。

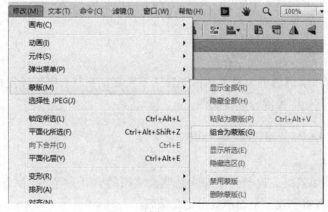

图6.19

此时矩形已被应用为kayak图像的蒙版，图像四边往背景渐隐。白色填充的羽化边缘形成了柔和的混合效果。在应用蒙版的图像中央有个蓝色小手柄，通过使用指针工具拖曳它，可调整图像在蒙版中的位置。说到另外两个图像，可以在属性面板上看到图像缩略图旁边有一个蒙版缩略图。

修改矢量蒙版的属性

尽管矩形看起来还可以，还是要使用倾斜工具进行优化，将矩形形状改为平行四边形。另外还要确保蒙版位于恰当的位置上。要完成这些工作，读者必须先解开蒙版和图像之间的链接。

1. 在图层面板中，单击 kayak 和蒙版之间链接图标，如图 6.20 所示。

两个对象虽然仍是组合状态，此时在位置、大小及形状上却是互相独立的。

2. 单击图层面板上的蒙版缩略图，以选择它。

注意，图层面板上的蒙版缩略图边缘突出显示为绿色。另外，对象名旁边出现了一个蒙版图标。这表示此时蒙版处于活动状态，而不是图像，如图 6.21 所示。

图6.20

3. 在工具面板上，打开缩放工具集，选择倾斜工具，如图 6.22 所示。

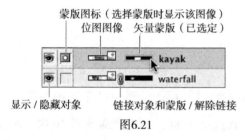

蒙版图标（选择蒙版时显示该图像）
位图图像　矢量蒙版（已选定）

显示/隐藏对象　　链接对象和蒙版/解除链接

图6.21

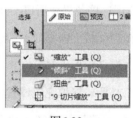

图6.22

此时蒙版上出现一个定界框，如图 6.23 所示。

如果看到定界框远远超出画面高度，可能是因为选中了图像而非蒙版。按 Esc 键，在图层面板上选择蒙版，然后重新选择倾斜工具即可。

4. 将光标指向定界框顶部任意一条控制手柄上。

5. 注意看属性面板上的尺寸，同时向右拖曳控制手柄。目标宽度是 235 像素，所以只需稍微拖曳，然后松开鼠标并查看宽度。如果必要，则再次拖曳。如果拖曳过了头，那就往回拖曳。当对尺寸满意时，按 Enter 键应用修改。

6. 使用指针工具或箭头键，调整蒙版（而非图像）的位置，使两边看起来较为平衡。在参考图中，最终图稿的 x、y 坐标位置是 298 和 11。

7. 启用图像和蒙版之间的链接图标，锁定对象，然后保存所做工作。

图6.23

编辑矢量蒙版

在图层面板中选择矢量蒙版后，便可使用属性面板修改其填充类别和边缘设置，还可修改描边的类别、大小和边缘。

要编辑矢量形状本身，可选择部分选定工具并调整矢量控制点的位置，就像调整常规矢量形状一样。用户甚至可使用钢笔工具添加锚点。

如果用户使用过矩形工具，在使用部分选定工具前，Fireworks会弹出提示对形状取消组合。取消形状组合会剔除形状上可能有的任何特殊属性。有关编辑矢量的更详细信息，可以参阅第5课。

将动态滤镜应用于带蒙版的图像

尽管这一课主要内容是蒙版，但也未必一定要将内容局限于蒙版。白色小河的图像是一个彩色图像，读者将使用命令将其转换为黑白图像，并使用动态滤镜改善其色调。添加蒙版之前或之后都可以应用这些效果，所以不妨先添加蒙版。

1. 在图层面板上恢复显示白色小河图像。

2. 再次选择矩形工具。

3. 如果必要，将填充色设置为白色，并将边缘设置为羽化，数值设置为 10 像素。

4. 绘制一个宽高为 200×90 像素的矩形，在松开鼠标前，按向上箭头键 10 次，即时修改矩形边角的圆度。

5. 使用指针工具，将矩形在图像上调为居中。

6. 按住 Shift 键，并选择图像。现在矩形和图像都处于选中状态。

7. 选择菜单"修改">"蒙版">"组合为蒙版"。

8. 选择菜单"命令">"创意">"转换为灰度图像"，如图 6.24 所示。属性面板上的滤镜清单中，出现了"色相/饱和度"动态滤镜。

9. 单击滤镜清单上的加号（+），选择"调整颜色">"色阶"。

10. 在输入色阶栏，将最小强度（阴影值）设置为 13，灰度系数（中间色调值）设置为 1.13，最大强度（高亮值）设置为 246。然后单击"确定"按钮，如图 6.25 所示。

这个滤镜调整了全局的色调范围，使效果较为满意。

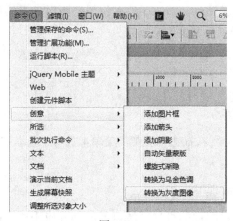

图6.24

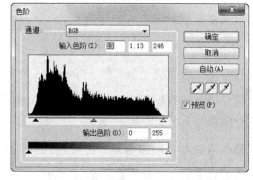

图6.25

创建位图蒙版

位图蒙版能让图像效果比矢量蒙版的效果更自然、更有质感，尤其是用户用套索工具徒手绘制选区的时候。下面试试创建位图蒙版。

1. 恢复显示图像 Tracks。

2. 选择套索工具（⌖）。

3. 确保套索边缘设置为羽化，羽化总量设置为 10。动态选取框可保留勾选，如图 6.26 所示。

4. 放大视图，以突出铁轨图像。在铁轨外模拟铁轨的 S 形，绘制一个松散的选区，如图 6.27 所示。这里不需要太精准，因为最终选区会被羽化。

图6.26

图6.27

5. 单击图层面板底部的"添加蒙版"按钮。这时铁轨的背景消失了。

编辑位图蒙版

接下来的步骤，需要让蒙版保持活动状态。如果取消选择了蒙版，要重新选择它，在图层面板上单击它即可。从蒙版可知，未选择的区域变成了黑色。别忘了，在位图蒙版对象上绘画时，黑色将隐藏像素，而白色将显示像素。下面使用刷子工具调整该蒙版。

1. 放大视图至 200%。

2. 选择刷子工具。

3. 按 D 键，设置刷子为黑色（Fireworks 的默认色）。

4. 确保描边种类被设置为"柔化圆形"。（如果必要，在描边种类弹出菜单上选择"基本">"柔化圆形"。）

5. 修改笔尖大小为 20 像素，边缘为 100 像素，纹理值为 0%。

6. 在背景上对任意想要隐藏的区域进行绘画。对图像的可见区域以外的部分应用这个技巧，向内绘画。如果在蒙版内开始绘画，将隐藏掉本应可见的图像部分。

动作不要太大，只用刷子的边缘触碰蒙版的轮廓线，如图 6.28 所示。

图6.28

如果绘画过头了，也没关系。

7. 按 X 键将刷子颜色切换为白色。

8. 找到不小心遮盖了的或需要可见的区域，并在上面绘画。这就好像是一个如何让蒙版边缘变圆的问题。

可能有必要设置较小的刷子尺寸。从可见区域内开始，向外绘画，被错误隐藏的像素将显示出来。

如果不小心显示了要遮盖的区域，可切换到黑色并在这些区域上绘画。

现在横幅看起来已经很不错了，只是看不出这是什么网站。在下一课中，读者要学习如何使用文本工具，并在横幅上添加网站名和标签。

Fw 注意：即使建立选区时没有任何错误，也可在背景上绘画以测试上述技巧。使用白色绘画时，刷子下面的区域将重新显示出来；而使用黑色绘画时，刷子下面的区域将消失。

快速修改颜色

处理位图蒙版时，可能想在白色、黑色和灰色之间切换以定制蒙版，此时可使用如下快捷键。

- 按 B 键切换到刷子工具。
- 按 D 键将颜色框设置为默认颜色（笔触为黑色，填充为白色）。
- 按 X 键交换笔触颜色和填充颜色。

复习

复习题

1. 位图蒙版和矢量蒙版之间的主要差别是什么?

2. 如何使用"自动矢量蒙版"?

3. 如何创建矢量蒙版?

4. 如何创建位图蒙版?

5. 如何编辑位图蒙版?

复习题答案

1. 位图蒙版是使用选区或刷子工具创建的;使用刷子工具可在画布上动态地编辑蒙版;位图蒙版只能应用于位图。矢量蒙版通常提供了更大的控制权和更高的精度,因为用户将使用路径或不是刷子创建它们;修改矢量蒙版的填充和笔触很容易,使用位图蒙版获得相同的效果将需要更长的时间;矢量蒙版可应用于位图对象或矢量对象。

2. 自动矢量蒙版可应用于位图或矢量对象,方法是选择画布上的对象,选择菜单"命令">"创意">"自动矢量蒙版",再在对话框中选择蒙版类型并单击"应用"按钮。

3. 要创建矢量蒙版,可绘制一个矢量形状,再按住 Shift 键并选择要对其应用蒙版的对象,然后选择菜单"修改">"蒙版">"组合为蒙版"。用户可在图层面板中选择矢量蒙版,并修改其填充、边缘和笔触属性;还可使用钢笔工具或部分选定工具编辑矢量蒙版的形状。

4. 可使用下面两种方式创建位图蒙版。

- 建立一个位图选区,在图层面板中选择要对其应用蒙版的对象,再单击图层面板底部的"添加蒙版"按钮。

- 在图层面板中选择要对其应用蒙版的对象,并单击图层面板底部的"添加蒙版"按钮。选择刷子工具,将刷子颜色设置为黑色,再在画布上绘画。只要选择了蒙版,使用黑色绘画就将隐藏像素。

5. 要编辑位图蒙版,先选择刷子工具,然后在图层面板上选中蒙版对象。设置好合适的刷子笔尖大小,描边种类与边缘柔化度。在画布上对需要做出改动的蒙版区域进行绘画。使用黑色笔触色隐藏可见图像,或使用白色笔触色重新显示被遮罩的图像。

第7课 使用文本

课程概述

处理文字是一项有趣而充满创意的工作。Fireworks 提供了很多桌面应用程序的文本格式设置功能，如字距、间距、颜色、字顶距和基线偏移。读者可随时编辑文本，即使应用动态滤镜效果后亦如此。因为 Fireworks CS6 使用与 Photoshop 和 Illustrator 相同的文本引擎，这使得在这些应用程序之间移动或复制文本非常容易。

在本课中，读者将学习如下内容：

- 创建宽度固定和自适应大小的文本块；
- 从文本文档导入文本；
- 编辑文本属性；
- 使用命令修改文本；
- 缩放、旋转和扭曲文本；
- 沿路径排列文本；
- 在矢量形状内部排列文本。

学习本课需要大约 60 分钟。如果还没有将文件夹 Lesson07 复制到硬盘中为本书创建的 Lessons 文件夹中，那么现在就要复制。在学习本课的过程中，会覆盖初始文件；如果需要恢复初始文件，只需从配套光盘中再次复制它们即可。

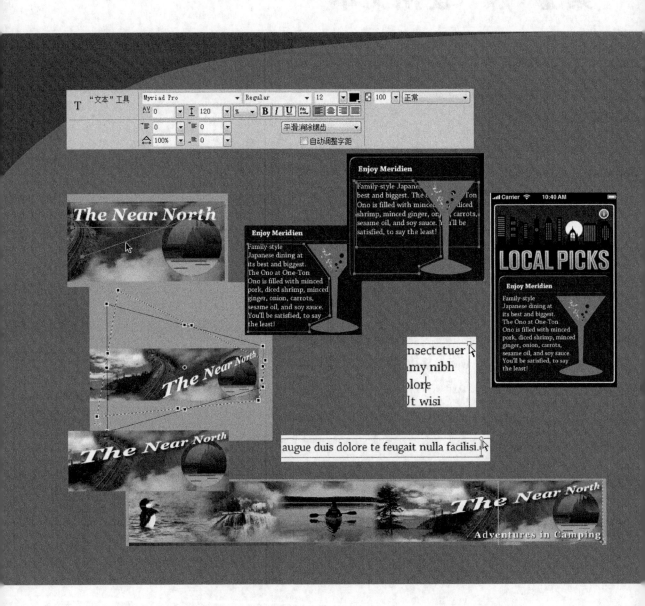

用户无需满足于单调的文本。Fireworks 提供了设置文本格式的功能，有助于获得满意的外观。用户可使用动态滤镜、蒙版和笔触在页面中突出文本，还可以在自定义矢量形状内部排列文本块。

文本基础

排版在网页设计中是非常重要的一环，尤其现在大多数浏览器都支持使用 CSS 的非规范字体和诸如 TypeKit 和 Font Squirrel 等的字体服务，排版更为举足轻重。即使不做网站模型设计，设计横幅或创建平板电脑或智能手机应用的原型也需要排版。不管什么设计场景，Fireworks 都提供大量工具，如图 7.1 所示，帮助用户达到设计目标。

在 Fireworks 中，文本总是出现在文本框（带手柄的矩形）中，文本框可能是自适应大小的，也可能是宽度固定的。

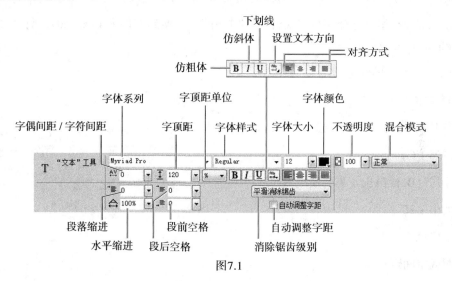

图7.1

自适应大小的文本块和固定宽度的文本块

使用文本工具在画布上单击并输入文本时，Fireworks 将创建自适应大小的文本块。当用户不断输入文本时，这种文本块的宽度将增大，但仅当用户按 Enter 键后，自适应大小的文本块的高度才会增大。

删除文本时，文本块会自动缩小。自适应大小的文本块一般用于短文本，例如标题，如图 7.2 所示。

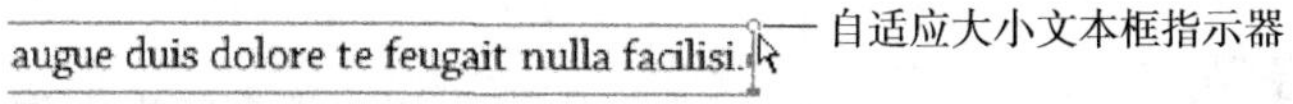

augue duis dolore te feugait nulla facilisi. ——— 自适应大小文本框指示器

图7.2

宽度固定的文本块让用户能够控制自动换行的文本的宽度。当用户添加文本时，文本框的高度将增大（而不是宽度）。用户通过单击并拖曳文本工具创建的文本块是宽度固定的，如图 7.3 所示。

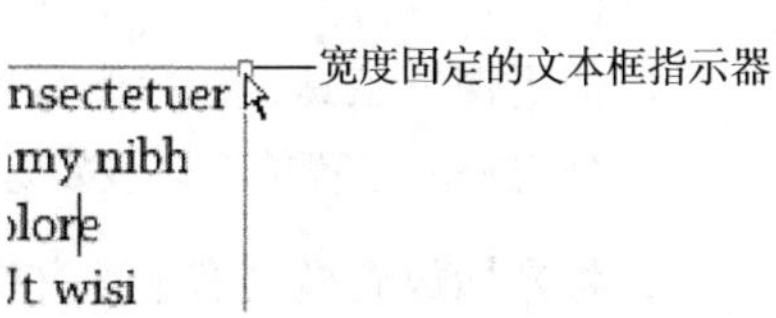

nsectetuer ——— 宽度固定的文本框指示器
amy nibh
olore
It wisi

用户需要文本段落或文本栏的时候，多半会用到宽度固定的文本块，一般用于模型设计。

图7.3

使用文本工具选择了文本块时，文本块的右上角将出现一个空心的方框或圆形。圆形表明当前文本块是自适应大小的，而方形表明文本块是宽度固定的。

双击空心的控制点，将新文本块从宽度固定的转换为自适应大小；反之亦然。

添加横幅标题和标签行

Near North 网站的横幅做得很不错。设计上已经就绪了，其中包括新添加的 Logo，还需要添加文本元素：一个标题和一个标签行。标题将使用默认的自适应大小文本块。

1. 在 Fireworks 里，选择菜单"文件">"打开"，切换到文件夹 Lesson07，打开文件 near_north_banner.fw.png。

2. 解除图层 Text 的锁定。

3. 选择文本工具。

4. 在属性面板上选择以下设置。

图7.4

字体系列：Georgia

字体样式：Bold Italic（不要使用 B 或 I 图标）

字体大小：26

颜色：白色

字偶距或字间距：30

消除锯齿级别：匀边消除锯齿

如图 7.4 所示。

> **Fw** 注意：Fireworks 会记住文本工具最近使用的字体，即使用户关闭并重新启动计算机也如此。这些字体将出现在字体列表的开头，用户可通过修改"文字"首选参数来指定显示多少种最近使用过的字体。

将文本附加到路径

将文本附加到路径，让用户能够沿角或曲线排列文本。下面将文本附加到路径。

1. 使用钢笔工具，在大概自铁轨图像底部往上三分之一的位置单击以设定起点。

2. 将光标放到横幅右上角并单击以设定终点，如图 7.5 所示。（在图形中，文本图层处于隐藏状态，

图7.5

以使你更容易看清路径。）路径的笔触色不重要。

3. 双击终点，以中止使用钢笔工具。

4. 在属性面板上，将宽、高、*x* 和 *y* 坐标数值改为如图 7.6 所示的参数。

5. 选择指针工具。

图7.6

6. 按住 Shift 键，选择标题。此时路径和标题都被选中，如图 7.7 所示。

7. 选择菜单"文本">"附加到路径"，如图 7.8 所示，文本将沿路径排列且仍是可编辑的。

当文本有一定角度的倾斜，它的字符就就失去了垂直的角度。这个问题很容易修复。

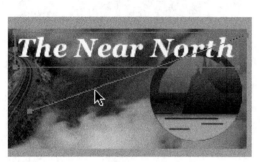

图7.7

图7.8

8. 文本对象仍处于选中状态，选择菜单"文本">"方向">"垂直倾斜"。文本将在垂直角度上保持端正。

Fw 提示：如果矢量形状内部或矢量路径容纳不下文本，Fireworks 将隐藏多余的文本并显示文本溢流指示器（）。要看到多余的文本，必须增大矢量形状或缩小文本。

为文本添加深度

另一个修改文本角度的方法是使用倾斜工具和扭曲工具。读者将使用这两个工具将标题文本的开头增大，并沿着路径往横幅右上角逐渐变小。

这不一定绝对准确。尽管读者的练习目标是为了得到和最终样图类似的作品，但不完全一致也没有关系。

1. 在工具面板上选择倾斜工具（收起在缩放工具集里）。

2. 将光标移动到选中的文本块左上角的控制手柄上。

3. 单击并往上拖曳控制手柄，直到大概达到如图 7.9 所示的角度位置。

4. 松开鼠标，然后选中右上角的控制手柄。

5. 向下拖曳控制手柄，直到大概达到如图 7.10 所示的角度位置。

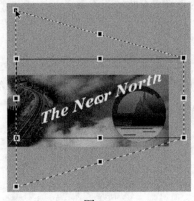

图7.9

图7.10

这些修改可能会让文本块在右侧伸出画布之外。文本编辑中也可调整文本位置。

6. 将光标移到文本区内。光标变为移动光标（4 个箭头）。

7. 拖曳文本块，使其在画布上可见。

8. 按 Enter 键应用修改。

9. 切换到扭曲工具（也在缩放工具集中）。和倾斜工具不同，扭曲工具能对 8 个控制手柄进行单独移动。移动操作更自由，扭曲对象的机会也多得多。

10. 将左边中间的控制手柄往左拖曳至少 100 像素，如图 7.11 所示，然后按 Enter 键。

根据最终图稿，读者的版本上文本的角度可能不太一样，因为多次的扭曲操作会对原路径的角度造成影响。在使用任何缩放工具时，读者都可以通过将光标移到 4 个角上的控制手柄附近来旋转对象。光标会变成旋转光标，不论多大或多小的角度都可以通过旋转得到，如图 7.12 所示。

图7.11

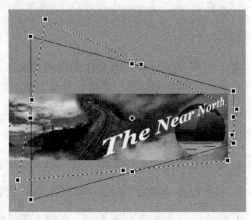

图7.12

Fw 注意：记住，文本是矢量对象。用户可以不断扭曲文本对象，而不影响对象质量。同样也要记住文本也是活动的，任何时候都可以使用文本工具来编辑文本内容。

添加投影

为使标题和背景稍微显得有点距离，下面为标题添加投影。

1. 选择指针工具。

2. 在属性面板上单击加号（＋）以添加动态滤镜，选择"阴影与光晕"＞"投影"，如图 7.13 所示。

3. 投影属性对话框出现时，按 Enter 键保留所有默认设置，如图 7.14 所示。投影就出现了。

4. 使用指针工具调整文本块的位置，如图 7.15 所示，直到它与横幅的搭配令人满意为止。可随意对文本进行扭曲操作。

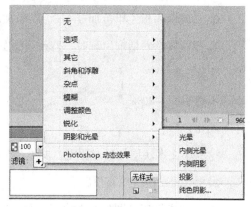

图7.13

图7.14

图7.15

5. 保存工作成果。

添加标签行

标签行可以定下网站的基调。标签行较为简约，且尺寸比网站名小。

1. 使用指针工具单击画布以外的地方，确保网站名不被选中。

2. 选择文本工具。

3. 在属性面板上选择以下设置：

字体系列：Georgia

字体样式：Bold Italic（不要使用 B 或 I 图标）

字体大小：18

颜色：#D6D6D6

字偶距或字间距：110

消除锯齿级别：强力消除锯齿

4. 将光标靠近横幅底部。

5. 输入文本"Adventures in Camping"。

6. 在属性面板上单击加号（+）以添加动态滤镜，选择"阴影与光晕">"投影"。

7. 投影属性对话框出现时，修改设置如下，如图 7.16 所示。

距离：4

不透明度：80%

图7.16

柔化：3

这为小文本块增加了对比度，文本易读性更好。

8. 按 Enter 键应用新设置。

9. 使用指针工具调整文本块至 x 和 y 坐标位置 698 和 94。

10. 保存文件。

> **Fw** | **注意**：如果使用 Fireworks CS4 以前的版本创建的文件可能出现文本问题。为最大限度地减少问题，打开这种文件时必须更新文本。

消除锯齿

消除锯齿设置指定了如何将文本边缘与背景混合，从而让文本（无论大小）更清晰、更容易阅读、更美观。Fireworks查看文本对象边缘以及下面的背景的颜色值，并根据属性面板中的消除锯齿设置混合边缘处的像素。

默认情况下，对文本应用平滑消除锯齿。对于小型字体，不消除锯齿或减少消除锯齿通常更容易阅读。在之前的练习中，将消除锯齿改为"匀边消除锯齿"就是出于这个原因。消除锯齿设置应用于选定文本块中的所有字符。

Fireworks在属性面板上提供了4种预置的消除锯齿级别和1种自定义设置。

- 不消除锯齿：完全禁用文本平滑化。不对文本进行混合，除水平线条和垂直线条外的所有内容都有明显的锯齿。这种设置不适合用于大型文本，但可让小文本（8点或更小）更容易阅读。若应用于大型文本，文本看起来质量偏低。

- 匀边消除锯齿：显示文本边缘到背景的剧烈过渡。将进行一定的混合，但文本仍然是清晰的。

- 强力消除锯齿：从文本边缘突然过渡到背景，保留文本字符的形状并改进字符的细节区域。与匀边消除锯齿相比，文本显得更粗。
- 平滑消除锯齿：在文本边缘和背景之间平滑地混合，这是粘贴到 Fireworks 中的文本的默认设置。
- 自定义消除锯齿：应用从以下选项中指定设置。

采样过度：设置创建文本边缘和背景之间的过渡时使用的细节量。

锐度：设置文本边缘和背景之间的过渡的平滑程度。

强度：设置将多少文本边缘混合到背景中。

排版术语

为帮助读者掌握文本工具，下面介绍一些必须熟悉的排版术语。

- 自动调整字距：调整字符对之间的间距。例如，字母 V 和 A 之间的字偶间距较大，而字母 S 和 T 之间没有字偶间距。在属性面板中，可启用或禁用"自动调整字距"。
- 字偶间距 / 字符间距：字符间距将所有选定字符之间的间距都设置成相同。Fireworks 将手动调整字偶间距和字符间距的设置合并起来。如果用户选中一串文本，在设置域输入一个数值，这样就调整了所有字符的间距（字符间距）。如果将光标置于两个字符之前，调整的就是两个字的间距（字偶间距）。
- 字顶距：指的是相邻文字行之间的垂直距离，也被称为行间距。在印刷制版上，文字行之间放置铅条以便遮住页面上的间隔，字顶距由此而得名。
- 水平缩放：调整选定文本块中每个字符的宽度。
- 基线调整：控制文本位于自然基线上方或下方的距离。例如，上标在基线上方。如果没有调整基线，文本将位于基线上。要调整基线，可选择文本（而不是文本框），并在属性面板中的"基线调整"文本框中输入值。
- 段落缩进：设置段落首行的缩进量。
- 段间距：设置选定文本块中段落前面和后面的间距。段间距设置影响文本框中的所有段落。

Fw 注意：本文件包含真实的文本，根据用户操作系统及可用的字体，Fireworks 可能会提示字体不可用，弹出对话框要求用户替换字体或维持外观。在本练习中，只需选择"维持外观"即可。字体不会改变，除非用户尝试使用不存在的字体来编辑文本。

沿对象排列文本

在 Fireworks 中，除了矩形的文本块外，还可以让文本沿自定义的矢量路径或形状绕排。这就和诸如 Adobe InDesign 之类的程序一样，可让文本沿图片或其他对象绕排。

在接下来几个练习中，读者将在 Local 移动应用原型的页面 Enjoy 上添加文本，使用钢笔工具创建自定义形状，然后使用文本命令使文本沿马丁尼酒杯绕排。

1. 打开文件 localpicks_320x480_wrap.fw.png。

2. 在页面面板上选择页面 Enjoy。

下面需要在页面上添加文本块，且文本块必须沿着马丁尼酒杯的左边线条排列。

3. 在图层面板上，选择图层 text。

4. 选择菜单"文件">"导入"，找到文件 one_ton_text.txt。没错，这是一个文本文档。画布上出现导入图标。

5. 将导入图标移至左边，在标题的分隔线下，如图 7.17 所示，单击以导入文本。

此时文本出现，Fireworks 会对导入的文本使用默认字体设置：宽度固定的文本块，字体为 Myriad Pro；字体样式为 Regular；字体大小为 12，颜色为黑色。

图7.17

6. 文本块类型(宽度固定)倒是可以,其他字体设置不妨修改为如下。

字体系列：Chaparral Pro

字体样式：Regular

字体大小：16

颜色：白色

 提示：另一个暂时放置文本块的方式是选择菜单"命令">"文本">"Lorem Ipsum"。这个命令会在画布上自动放置一个文本段落,使用当前所设置的属性。

 注意：如果没有字体 Chaparral Pro，选择类似的字体，如 Georgia，并将样式设置为 Regular，大小设置为 15。

创建自定义路径

和第 6 课差不多，读者将使用钢笔工具创建自定义形状，但这一次创建的形状会沿马丁尼酒杯的左边走。

1. 隐藏刚导入的新文本块。

2. 选择钢笔工具。

3. 移动钢笔光标靠近酒杯顶部左侧边上，单击以设定起点。

4. 沿着酒杯的角度，向下移动光标到杯身和杯脚的交界处，再次单击以设定新锚点，并改变路径方向。

5. 继续移动光标，在酒杯左侧单击设定锚点，如图 7.18 所示。

6. 光标到达酒杯底部时，设置一个锚点；将光标向背景左下角移动，再次单击。（如果在拖曳至左边的过程中按住 Shift 键，将得到完全直线。）

7. 将光标往上移动，在标题分隔线下再次单击以设置锚点。

8. 最后，将光标移至路径起点处。当光标变为闭合路径光标时，单击以完成路径，如图 7.19 所示。

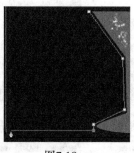

图7.18 图7.19

这个路径可能会有填充色。

这对接下来的步骤没有影响，但如果觉得不方便观看，在属性面板上单击"无填充"图标即可。

9. 如果形状需要变形（如调整顶部或底部的路径段为端正），则使用部分选定工具以选中独立锚点，然后按箭头键以调整锚点位置。

附加文本到路径内

要让文本沿着酒杯排版，两个对象都必须处于选中状态。

1. 在图层面板上，再次恢复显示图层 text，如图 7.20 所示。

2. 按住 Ctrl 键（Windows）或 Command 键（Mac）并单击刚创建的路径，如图 7.21 所示。

3. 两个对象都处于选中状态，选择菜单"文本">"附加到路径内"，如图 7.22 所示。

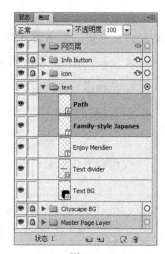

图7.20

沿对象排列文本 **127**

此时两个对象组合了起来，且文本被排版在形状的范围内，如图 7.23 所示。

最终图稿的自定义文本框形状的样子，将应用模型打磨得更精致了一些，如图 7.24 所示。

最后，保存工作成果。

图7.21

图7.22

图7.23

图7.24

编辑文本

路径中的文本仍是文本，所以仍是可编辑的。双击文本区域可进入标准文本编辑模式。同样，路径也可编辑。使用部分选定工具单击一个锚点，即可开始修改路径的形状。如果修改后路径变化较大，文本会自动适应被编辑的路径形状。

1. 选择指针工具或文本工具，在文本段落内单击 3 次，可快速选中整个段落。

2. 在属性面板上，将字偶距或字间距数值设置为 20，如图 7.25 所示，以使文本易读性更强。

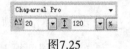

图7.25

3. 保存工作成果。

 注意：编辑文本块时，在此编辑过程中所做的所有修改都被视为独立一个步骤，这使得撤销修改很容易。

复习

复习题

1. 用户可创建哪两种类型的文本块？如何创建它们？如何在它们之间切换？

2. 什么是消除锯齿？

3. 如何在路径内排列文本？

4. 如何快速选择文本块中的一个段落？

5. 使用属性面板可控制哪些排版属性？它们将如何影响文本？

复习题答案

1. 用户可创建自适应大小的文本块和宽度固定的文本块。用户选择文本工具，单击画布并开始输入时，默认创建的是自适应大小的文本块。当输入更多文本时，自适应大小的文本块将加宽。创建固定宽度的文本块的方法如下：首先使用文本工具在画布上拖曳，再输入文本。固定宽度的文本块让您能够控制自动换行的文本的宽度，当输入更多文本时，文本块将增高。

   要在两种文本块类型间切换，首先要确保焦点在活动的文本块内，文本块必须被选中。双击文本块定界框右上角的空心圆形控制手柄（自适应大小）或空心方框控制手柄（宽度固定）即可切换。

2. 消除锯齿设置控制文本边缘如何与背景混合，让大型文本更清晰、更容易阅读、更美观。

3. 使用矢量形状工具或钢笔工具绘制一个矢量形状。同时选择矢量形状和文本，再选择菜单"文本">"附加到路径内"。被附加到路径内的文本仍是可编辑的。（注意：如果形状是使用自动形状工具或矩形工具创建的，则要将文本附加到该形状内，必须先取消组合。为此，可选择该自动形状，再选择菜单"修改">"取消组合"。）

4. 通过在文本块中一个段落的任何位置三击，可快速选择该段落。

5. 在属性面板中，可控制字偶间距、字符间距、字顶距、水平缩放、基线调整、段落缩进和段间距。

   - 自动调整间距调整字符对之间的间距。在属性面板中，可启用或禁用"自动调整字距"。

- 字偶距或字间距将所有选定字符之间的间距都设置成相同，或是赋予相邻的两个未选中字符间距。

- 字顶距（也被称为行间距）指的是相邻文字行之间的垂直距离。

- 水平缩放调整选定文本块中每个字符的宽度。

- 基线调整控制文本位于自然基线上方或下方的距离。要调整基线，可选择文本（而不是文本框），并在属性面板中的"基线调整"文本框中输入值。

- 段落缩进设置段落首行的缩进量。

- 段间距（两项设置）设置选定文本块中段落前面和后面的间距。

第**8**课　使用样式及样式面板

课程概述

Fireworks 的样式面板功能强大，却常被忽略。处理好样式能提高工作效率,用户可通过对文本、矢量甚至位图应用预置的效果。也可保存效果为样式以用于以后的设计，而无需从头开始重建或对比复杂的效果。在本课中，读者将学习如下内容：

- 应用预置样式；
- 编辑样式；
- 更新对象应用的样式；
- 创建自定义样式；
- 导出与共享样式。

　　学习本课需要大约 45 分钟。如果还没有将文件夹 Lesson08 复制到硬盘中为本书创建的 Lessons 文件夹中，那么现在就要复制。在学习本课的过程中，会覆盖初始文件；如果需要恢复初始文件，只需从配套光盘中再次复制它们即可。

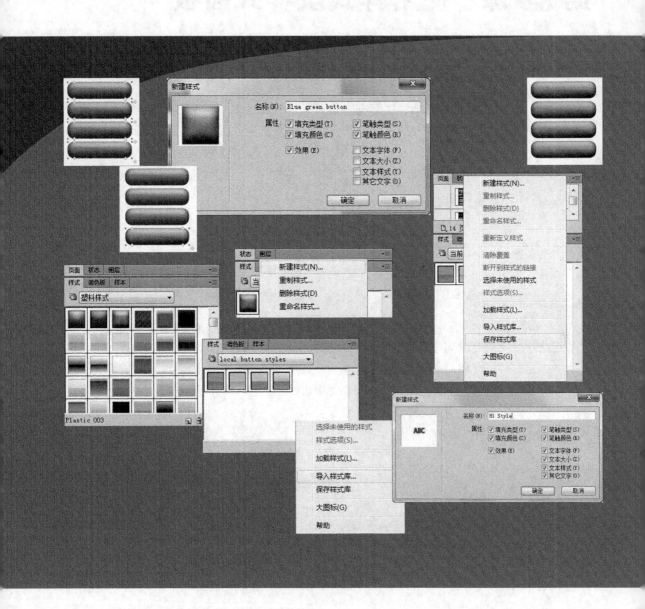

样式可提高设计工作流程的效率，且对团队项目设计作品效果的一致性非常有用。

什么是样式

样式对于 Fireworks，就如 CSS 于 HTML 或样式于 Word 文档一样，都是快速、可靠且一致地对对象应用特定效果的方式。样式有什么作用呢？想象一下，为 CSS Sprite 图创建设计和感觉相同的图标或按钮，或为 CSS 深度测试一下文本样式。再想象一下，需要在一个包含 10 个页面的模型上修改所有页面上的按钮效果。在这些场景上，Fireworks 都能节省大量时间。使用样式时，用户可以修改页面上对象的样式，然后在整个模型中串联起这些修改。

样式是用户可快速应用至对象的动态滤镜和其他对象属性的可编辑组合。Fireworks 自带了大量预置样式，可在样式面板上找到，如图 8.1 所示。用户可把预置样式当作创建自定义样式效果的切入点。

字体属性、填充、笔触和动态滤镜（效果）都可以作为样式的一部分保存起来，如图 8.2 所示。

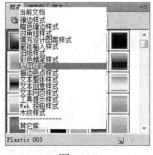

图8.1

图8.2

Fw | 注意：要了解更多 CSS Sprite 图的内容，可以参阅第 10 课。

在接下来的练习中，读者将学习如何创建和处理样式。

应用预置样式

在处理示例文档中的样式之前，读者应先花点时间熟悉一下样式面板，了解如何应用样式。

1. 选择菜单"文件">"新建"，新建一个 500 像素 × 500 像素的文档，画布设置为白色。

2. 在工具面板上的矢量工具集中选择圆角矩形，如图 8.3 所示。

3. 绘制一个宽、高分别为 200 像素和 50 像素的矩形。

4. 打开样式面板（如果没看到样式面板的标签栏，选择菜单"窗口">"样式"）。

面板上默认显示"当前文档"。如果没有应用任何样式，面板视图上会是空的，如图 8.4 所示。

5. 单击"当前文档"下拉菜单，可以看到可用的样式类型。

6. 选择"塑料样式"，如图 8.5 所示。

图8.3   图8.4   图8.5

> **Fw**   提示：如果绘制矩形时没有绘制出理想的尺寸，打开自动形状属性面板（选择菜单"窗口">"自动形状属性"）并设置想要的尺寸和圆角半径。不要在属性面板上设置宽和高，否则会扭曲圆角半径。

7. 在塑料样式第一行，选择左起第 3 个样式（Plastic 003）。注意，光标悬停在样式上时，左下角显示了样式名称，如图 8.6 所示。

8. 查看属性面板上的滤镜部分，注意有几个动态滤镜已经自动应用，如图 8.7 所示，对象呈现哑光蓝色的效果。

如果不喜欢这个蓝色，没关系，单击另一个样式即可。

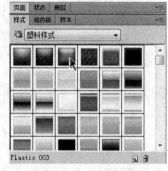

图8.6

图8.7

9. 选择 Plastic 004，就在刚才选择的样式的右边。

10. 再多试几个样式，试完了之后（换样式可能会上瘾），确保选回 Plastic 003。

11. 在下拉菜单中，切换回"当前文档"。读者试过的样式都陈列在当前文档的样式列表上，如图 8.8 所示，尽管还没有被使用。如果刚才尝试了很多个样式，这儿就会有很多用不上的样式，但 Fireworks 可以快速清理面板。

12. 在样式面板选项菜单上，选择"选择未使用的样式"，如图 8.9 所示。所有未使用的样式会突出显示。

13. 单击样式面板上的回收站图标，Fireworks 会弹出对话框，确认是否删除选中的样式。单击"确定"按钮。这样将只删除当前文档下的样式，而不会从塑料样式库中删除。

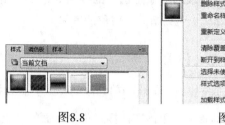

图8.8

图8.9

编辑样式

记住，预置样式只是创建自定义样式的起点。读者首先找到一个近似理想的样式，但并不完全是想要的，可能还要应用投影，或内测光晕，或稍微修改一下填充色。编辑样式然后应用到所有对象，能节省大量时间。接下来就试试编辑样式。

1. 使用命令"编辑">"重制"或"重制">"克隆"创建按钮复制。

2. 使用快捷键 Ctrl+Y（Windows）或 Command+Y（Mac）两次，再多创建两个按钮复制。

3. 使用快捷键 Ctrl+A（Windows）或 Command+A（Mac）选中所有按钮。

4. 打开对齐面板，选择"左对齐"图标。

5. 在对齐面板的输入框，填入数值 10。

6. 单击"水平距离相同"图标，一个工整的按钮栏就出现了，如图 8.10 所示。

7. 选择其中一个按钮，在属性面板上单击填色框。修改主填充色为十六进制值 #73FF73，如图 8.11 所示。效果如图 8.12 所示。

这并没有将按钮上所有蓝色都改掉，这个样式上的其他滤镜也使用了蓝色作为主色调。通常样式上最引人注目的效果都是通过动态滤镜创建的。读者可在属性面板上切换滤镜名称旁边的启用 / 禁用图标，以查看各个滤镜的样式效果。但是本节练习只需要修改填充色就足够了。

图8.10

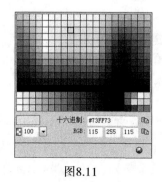

图8.11

图8.12

更新对象应用的样式

注意，唯一修改的对象是选中的按钮。但是，由于所有按钮使用的都是同一个样式，读者可以使用不同的方法快速更新其他对象的效果。

方法 1：重新定义样式

这个方法非常快速，能将当前修改的样式更新到打开的文档中所有的对象。

1. 在属性面板上，单击文档样式菜单下面的"重新定义样式"，如图 8.13 所示。

Fireworks 立即更新了其他 3 个按钮，应用了样式 Plastic 003 在这个文档中的版本（修改了颜色）。

这个方法适合快速修改对象的样式，但更新的样式并不会保存到预置塑料样式中。如果要永久保存，用户需要保存自定义样式。

图8.13

方法 2：保存新样式

修改了样式，如果以后还要用到该样式，那么将它重命名保存起来是个好主意。这样可以自定义样式名称使其比编号命名更清晰，且不再与预置样式相关联，方便以后直接使用。

1. 选择任意一个按钮。

2. 在样式面板选项菜单上，选择"新建样式"，如图 8.14 所示。

3. 将样式命名为 Blue green button，单击"确认"按钮。

4. 选中所有按钮，在样式面板上单击刚才新创建的样式。按钮上没有发生变化，但如果查看属性面板，会发现样式 Blue green button 已经被应用了，如图 8.15 所示。

5. 将现在未使用的样式 Plastic 003 删除。

图8.14　　　　　　　图8.15

从无到有创建自定义样式

方法2同时也就是创建自定义样式的方法。例如，赋予一个文本样式，如图 8.16所示，并作为CSS样式保存起来，如果保存为H1，如图8.17所示，方便以后用作网页标题。

选中文本，按方法2的步骤就可以创建文本样式，以后可快速应用于设计中的其他文本块。

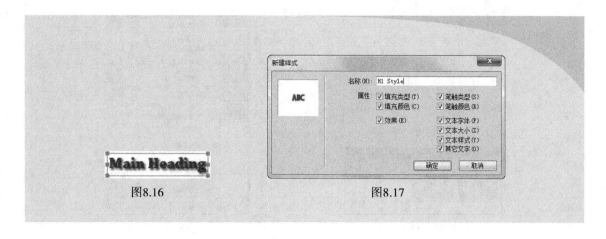

图8.16   图8.17

导出及共享样式

创建样式可以提高工作效率，但这些样式只能应用于当前硬盘和当前文档。也就是说，如果打开或创建新文档，这些新样式在样式面板上通常不会显示为可用。同样的，作为设计团队中的一员，其他团队成员除非打开原始文档，否则无法使用自定义样式。

那么，如果团队中的某一人想要在其他文档中使用这些新建的样式，该怎么办呢？答案就是要创建自定义样式库。正如预置样式库一样，自定义样式库也能应用于任何文档，无论新旧，这一点和当前文档样式不同。使用自定义样式库，用户可以对整个团队共享自定义的样式。这就更大程度地保证了团队设计的一致性。

> **Fw** 注意：如果同时打开了多个文档，用户可从其他文件上选择样式（如果文档结构上有样式的话）。这是样式不能用于其他文件的一个例外情况。

下面是本课最后一个练习，读者将学习如何导出、共享和进入样式库。

1. 打开文件夹 Lesson08 中的文件 localpicks_320x480_styles.fw.png。

2. 如果看不到样式面板，打开样式面板。

3. 选择"当前文档"视图。

整个文档已包含 4 个样式，如图 8.18 所示，分别代表主导航栏上的按钮样式。

4. 在样式面板选项菜单上，选择"保存样式库"，如图 8.19 所示。

Fireworks 自定打开"另存为"对话框，并默认指向 Fireworks 样式文件夹。如果用户想要允许本机上其他文档使用这些样式，那就必须将样式库保存到整个文件夹里。

5. 将样式库命名为 local button styles，单击"保存"按钮，如图 8.20 所示。

图8.18   图8.19

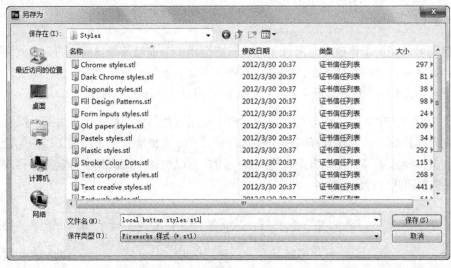

图8.20

此时在样式面板上，新的样式库处于活动状态，如图 8.21 所示。在自定义样式文件夹里，Fireworks 以一个特殊的 .stl 扩展名保存了样式库文件。

共享样式

要与其他人共享样式，用户可深度挖掘到电脑硬盘里，找到样式库的位置。但是如果再保存一次到桌面会更快、更省事。

1. 在样式面板选项菜单中，选择"保存样式库"。

2. "另存为"对话框出现时，切换到桌面。

图8.21

3. 如果必要，将样式库命名为 local button styles，单击"保存"按钮。

Fireworks 会在桌面上创建一个 STL 格式的文件，包含新的样式。

要共享这个样式库，只需将其通过电子邮件发出去，或放在一个文件共享站点上，如 Adobe Creative Cloud、DropBox 或 Box.com。

导入样式库

当用户从团队同事处收到一个 STL 文件并想在当前文档或新文档使用它，该怎么办呢？这个就相当简便。文件夹 Lesson08 里包含一个 STL 文件，下面可以使用它。

1. 在样式面板选项菜单中，选择"导入样式库"，如图 8.22 所示。

2. 切换到文件夹 Lesson08，选择文件 sample button styles.stl。

3. 单击"确定"按钮。

样式库会被导入，如图 8.23 所示，可随时应用于任何文档。

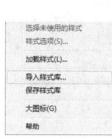

图8.22

图8.23

样式大全

用户并不局限于 Fireworks 样式库。快速搜索"Fireworks 样式库"就能看到几百条搜索结果，如图 8.24 所示。广大的 Fireworks 设计圈子非常友好，有许多技术高超的又热爱分享的专家。

图8.24

加载样式到当前文档

可能会有一些情况，用户导入样式库只想用于指定的文件。如果出现这种情况，那么可以按下面的步骤来操作。

1. 在样式面板选项菜单中，选择"加载样式"。

2. 选择一个样式库（扩展名为 .stl）以加载至当前文档。被加载的样式只能应用于当前文档。

复习

复习题

1. 如何应用预置样式？

2. 如何编辑被应用的样式？

3. 如何更新应用于多个对象的编辑过的样式？

4. 如何创建自定义样式？

5. 如何导出和共享样式？

复习题答案

1. 首先要选中一个对象，然后打开样式面板，在下拉菜单中选择一个样式库。选中了样式库之后，只要在面板上单击样式即可将其应用到选中的对象上。

2. 可使用属性面板编辑应用于对象的样式。选中应用了样式的对象，然后在属性面板上修改它的各种属性以修改样式。但是最引人注目的效果通常是用动态滤镜创建的。最好通过启用或禁用滤镜，以清楚各个滤镜的样式效果。可在属性面板上选择一个被应用的滤镜并单击滤镜名旁边的 i 图标，以查看其属性。

3. 要对应用于对象上的样式进行更新，在属性面板上单击"重新定义样式"图标。这将更新"当前文档"样式窗口上的样式，并强制将对样式的修改应用到任何使用当前样式的对象上。

除此之外，用户也可以保存编辑过的样式为自定义样式。这就剔除了它和原预设样式间的联系，给出一个独特的样式。用户可以给新样式重新设定更有意义的名称，还能在不影响应用原预设样式的对象的情况下，对其再进行编辑。

4. 要创建自定义样式，可以应用属性（填充、笔触、滤镜和字体属性等）至对象，然后在样式面板选项菜单中选择"新建样式"。

5. 要导出样式以共享给他人，在样式面板选项菜单中选择"保存样式库"。如果保存至 Fireworks 的自定义样式库文件夹，样式库能用于所有文档，无论新旧，显示在样式面板的样式库列表上。如果想要共享样式库给他人，可以找到样式库文件的位置，或重新保存到更易找到的位上，如桌面。然后就是发送电子邮件，或是上传至文件共享站点。

第**9**课 使用元件

课程概述

元件是 Fireworks 中高效的功能之一，它们从该应用程序面世起就一直存在。元件可包含多个对象，同时让用户能够快速访问并编辑这些对象。它们非常适合用于重用设计中通用的图形元素，如 Logo 或按钮。元件可包含文本、矢量和位图，而这些元素都有各自的动态滤镜属性。

在本课中，读者将学习如下内容：

- 从公用库添加元件；
- 从文档库添加元件；
- 创建和编辑图形元件；
- 创建和编辑按钮元件；
- 将元件保存到公用库中；
- 预览变换图像效果。

学习本课需要大约 60 分钟。如果还没有将文件夹 Lesson09 复制到硬盘中为本书创建的 Lessons 文件夹中，那么现在就要复制。在学习本课的过程中，会覆盖初始文件；如果需要恢复初始文件，只需从配套光盘中再次复制它们即可。

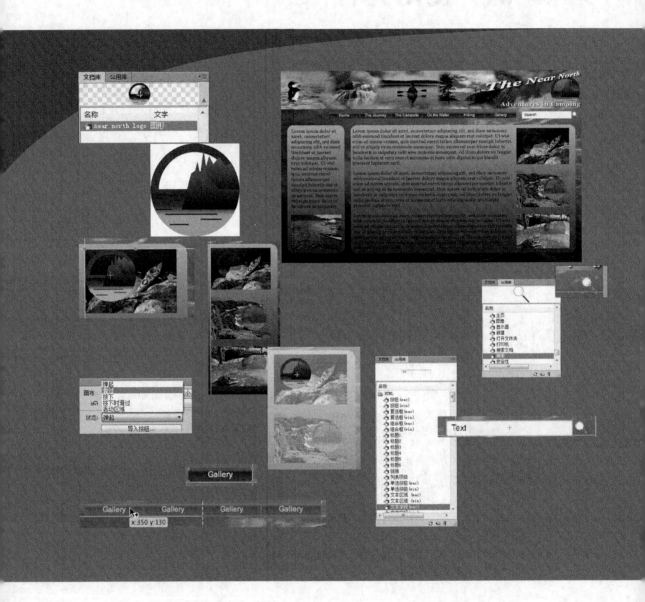

元件非常适合用于重用和共享设计中通用的图形元素，如 Logo 和按钮。

元件是什么

元件是一个或一系列图形对象的主控版本，它包括矢量对象和位图对象，甚至是文本对象。从本质上说，元件是文档中的一个独立文档，用户可像编辑设计一样编辑元件，但元件中所有的元素都将组合在一起。用户可通过两个面板找到元件：文档库面板及公用库面板。文档库的元件只能用于当前打开的活动文档。公用库的元件可用于任何文档。

将元件放到画布上时，实际上放置的是一个链接的元件复制，这被称为实例。编辑原始元件对象时，画布上链接的实例将自动修改，以反映对元件所做的修改。

用户可编辑画布上的任何元件实例——修改其大小、颜色、不透明度或添加动态滤镜，而不影响原始元件。例如，可能有一个非常大的公司 Logo 图像，如果将其转换为元件，将可拖放一个实例到画布上并缩小它，而不影响原始版本的质量或大小。

元件的另一个优点是可提高效率。将 Logo 转换为元件后，每当需要该 Logo 时，都可在文档库面板中找到它，而无需查找原始文件。如果经常重用对象，这显然是一个重要的优点。

除自己创建元件外，Fireworks 还自带了大量设计好的元件对象，用户可在设计中使用它们或作为发挥创造性才能的基础。这些预设元件在公用库的文件夹中可以找到。

Fireworks 中有 3 种主要的元件：图形元件、按钮元件和动画元件。另外，还有一种改进的图形元件——组件元件。在本课中，将创建并编辑一个图形元件和一个按钮元件。

本课将继续使用网站模型 Near North，读者将把 Logo 图像转化为图形按钮元件作为导航，还将创建所谓的"高分辨率元件"。和指定的元件类型不同，"高分辨率元件"在用户遭遇潜在的位图缩放问题时可作为补救方案。

图形元件

图形元件是 Fireworks 中常用的一种素材。它是一种静态的、单状态元件，可在当前文档中重复使用（也可用于多个文档，这取决于用户如何设置）。如果不需要内置动画或多个状态，可使用图形元件。

创建图形元件

在本节中，将把一个简单的 Logo 图形转换为图形元件。

1. 打开文件 nn_webpage.fw.png。

2. 确保显示了标尺并激活了工具提示（选择"视图" > "标尺"和"视图" > "工具提示"）。

3. 在图层面板上，取消锁定图层 header，并展开它。

4. 选择组合 logo：11 对象。

5. 选择菜单"修改">"元件">"转换为元件"，如图 9.1 所示。

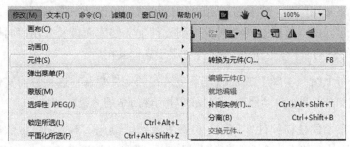

图9.1

6. 将元件命名为 near north logo。

7. 确保将类型设置成了"图形"，并保留没有选中任何复选框，如图 9.2 所示。

8. 单击"确定"按钮。

在图层面板上，注意到缩略图的右下角出现了一个新的图标，表示 Logo 现在是图形元件。画布上的图形中央有一个浅蓝色加号（+），这表明该图形是元件的复制（实例）。

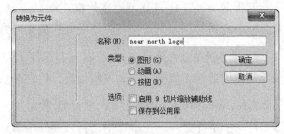

图9.2

9. 在图层面板上单击图层 header 以选中图层中所有对象，包括元件。

10. 选择菜单"修改">"元件">"转换为元件"，并将元件命名为 near north banner。

11. 确保将类型设置成了"图形"，并保留没有选中任何复选框，单击"确定"按钮。

12. 锁定图层 header，以保证不会无意选中对象。

现在有两个元件（其中一个被另一个包含）。读者可能不明白为什么不只创建一个元件，这是因为下面需要单独用到 Logo 元件时不影响横幅。

添加图形元件到文档

创建元件是一件很棒的事情，但使用元件感觉更棒。下面将该图形元件加入到页面上，以添加水印。

1. 打开文档库面板，新创建的元件就在列表上，如图 9.3 所示。

用户可在此多次拖曳元件到画布上，设置其实例大小、不透明度和位置，但这不会影响元件本身。

2. 取消锁定并选择图层 Content，使其处于活动状态。

图9.3

3. 将 Logo 的元件拖曳到画布上，将位置调整至图像 kayak 的左上角，如图 9.4 所示。下面使用属性面板把这个实例转化为水印。

4. 在属性面板上，限制该实例的高宽比，将宽度改为 70 像素。

5. 按 Tab 键移到高度文本框，该实例将按比例调整大小。注意到横幅图像内的实例并没有变化。

6. 设置不透明度为 40%，如图 9.5 所示。

7. 按住 Alt 键（Windows）或 Option 键（Mac）并往下拖曳实例到下一个图像上。

用智能辅助线帮助在第 2 个图像对齐实例，或移动到图上别的位置。

水印应该较为明显，但不能遮挡住图像的重要细节。所以在最终图稿上，将水印放到第 2 个和第 3 个图像的右侧。

8. 在第 3 个图像上重复第 7 步。

图像上都打上了水印，如图 9.6 所示。

图9.4

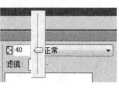

图9.5

图9.6

9. 保存工作成果。

矢量元件还是矢量对象

　　元件的创建并不会改变矢量对象的属性。用户在画布上拖曳元件放大哪怕十倍（甚至更大），图像质量也不会有变化，还有可能更好看。位图元件也一样，无论怎样变化，还是位图对象。位图对象有赖于分辨率，将图像放大会破坏图像质量。为解决这个问题，可应用"高分辨率元件"的技巧。读者可在本章后面了解到这个技巧。

通用的公用库

　　用户创建元件而没有将它添加到公用库中时，元件只关联到创建它的文档。如果用户打开或创建其他的文档，在文档库中将看不到新创建的元件。辛辛苦苦创建元件后，可能希望在其他设计中可以使用它，而无需打开一个文件，复制画布上的实例，再将其粘贴到新文档中。此时公用库可提供帮助，它使得可在任何设计中轻松地访问元件。

1. 在文档库面板中，选择元件 near north logo。

2. 从文档库面板菜单中选择"保存到公用库"，如图 9.7 所示。

　　打开"另存为"对话框（在 Mac 中，将打开"保存"对话框），且位于文件夹"自定义元件"中，所有用户创建的自定义公用元件默认都保存在这里。该文件夹自动出现在公用库面板中，因此将元件保存到这里是个不错的选择。

　　元件文件名采用特殊的格式：以元件名开始，以元件类型（graphic、animation 或 button）结束，它们之间是一个句点。

图9.7

3. 单击"保存"按钮。

　　注意：从公用库复制元件后，元件将包含在当前文件的文档库中。再次从公用库中拖曳该元件时，Fireworks 将显示一条警告消息，指出文档中已存在一个或多个库项目。

　　注意：除非在 Fireworks 中打开了文档（包括新建空白文档），否则公用库将不会包含元件。

编辑图形元件

用户在前面见过，可对画布上的元件实例应用诸如大小、不透明度、混合模式和动态滤镜等属性。修改选定的实例不会影响画布上的其他实例。然而，编辑元件将改变该元件的所有实例的属性。

在本节中，读者将在 Logo 元件上做一些编辑工作。

1. 使用指针工具双击任意一个实例。除该实例外，其他所有内容都将渐隐，如图 9.8 所示，其文档窗口顶部将出现导航条，如图 9.9 所示。

图9.8

图9.9

当前，处于"就地编辑"的元件编辑模式下，这种功能在 Adobe Flash 中存在了很长时间了。

也可通过选择菜单"修改">"元件">"就地编辑"来进入该模式。导航条指出了您沿元件向下挖掘了多深。在这种模式下对元件所做的修改将立刻在画布上的所有实例中反映出来。

要退出"就地编辑"模式并返回到主设计，可单击顶级导航条（页面1），也可双击活动元件外的任何地方。

2. 选择部分选定工具。

记住，Logo 原先是一个包含 11 个对象的组合，把 Logo 转换为元件也不能改变这一点。所以需要使用部分选定工具才能选中组合的矢量元素。

3. 选择底层的山，如图 9.10 所示。

4. 在属性面板中，单击填色框以打开渐变编辑器。

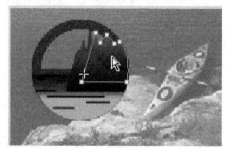

图9.10

5. 单击"反转渐变"图标，以反转渐变填充色。

画布上所有的 Logo 实例显示新的渐变填充色，包括横幅元件中包含的元件。

6. 单击面包屑导航条上的"页面 1"回到主设计页面。

7. 保存文件。

隔离模式

　　另一种编辑元件的方式是隔离模式。这是启用了"9切片缩放辅助线"的元件的默认模式。对于任何元件，都可通过选择菜单"修改">"元件">"编辑元件"来进入其隔离模式。在这种模式下，元件仍显示在画布上，但其他所有对象都将被隐藏。如果设计比较拥挤，这种模式将使用户更容易编辑元件。

添加公用库中的预置元件

公用库包含大量的预置元件，用户可将其用于设计中，也可以其为基础来创建自定义元件。为熟悉这种很有用的功能，读者将使用两个预置的元件创建一个搜索框。首先，要为搜索框留一些空白。

1. 在图层面板上，单击图层 content，以选择该图层上所有对象。

2. 按住 Shift 键并按向下箭头键 3 次。这将为搜索框及网站导航栏留出一些空间。

3. 在图层面板上创建新图层。如图以 9.11 所示，并命名为 navigation。

4. 如果必要，将新图层拖曳到图层面板顶部，如图 9.12 所示。

5. 确保新图层被选中。

6. 打开公用库面板，向下滚动到能够看到"网页和应用程序"文件夹。

7. 双击文件夹图标（Windows）或单击展开三角形（Mac）打开该文件夹。

8. 找到"搜索"元件，如图 9.13 所示，并拖曳元件（图形本身或元件名皆可）到画布上，如图 9.14 所示。

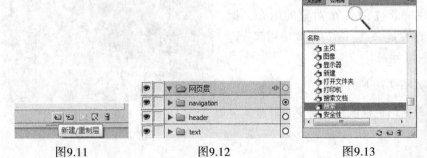

图9.11　　　　　图9.12　　　　　图9.13　　　　　图9.14

9. 在属性面板中，限制该实例的高宽比，并将宽度设置为 20 像素。

10. 按 Tab 键移到高度文本框，该实例的大小将在画布上更新。

11. 使用指针工具调整放大镜的位置，使其 *x* 和 *y* 坐标分别为 930 和 130。

添加组件元件

图9.15

组件元件比图形、按钮或动画元件具有更高水平的功能，因为它的部分属性由 JavaScript 控制。

要使用这些属性，倒不必非得知道 JavaScript 是什么不可。用户可以使用元件属性面板改动可修改的属性。Fireworks 默认在主属性面板内以标签栏的方式展示元件属性面板。首先要添加新元件，然后才能修改它。

1. 在公用库面板上，找到类型 HTML，展开文件夹，选择文本字段（win）或文本字段（mac），如图 9.15 所示。

2. 拖曳元件至搜索图标左边，如图 9.16 所示。

3. 在属性面板上，取消限制宽高比例，并设置宽度为 160。

4. 按需要调整文本区域的位置，如图 9.17 所示。可参考最终图稿的 *x* 与 *y* 坐标设置：768 和 127。

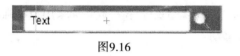

图9.16

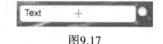

图9.17

5. 单击标签，打开元件属性面板（或选择菜单"窗口">"元件属性"）。

元件属性面板逻辑上是和属性面板组合起来的，但实际上它包含的信息的高度比默认看起来还高。

6. 将光标移至属性面板与文档窗口的分隔线上。当光标变为双箭头时，向上拖曳，直到看到元件的所有属性为止，如图 9.18 所示。

图9.18

对文本区域元件来说，可修改很多属性，比如字段标签和很多字体属性（如字体系列、颜色、字体样式和字体大小等）。下面将调整字段标签。注意到面板上由两个栏目：名称和值。用户可编辑值，但不可编辑名称。

7. 第一对名称 / 值控制文本字段标签。在值栏中选中文字"Text"。

8. 将值栏的 Text 改为 Search，如图 9.19 所示，并按 Enter 键。这时文本字段更新了字段标签。

一个搜索条模型出来了，如图 9.20 所示。

图9.19　　　　　　　　　　　　　　　图9.20

9. 保存文件。

按钮元件

按钮元件的用途非常具体：创建包含图像变换效果的导航按钮。可以是台式屏幕的 Mouseover 事件，或移动设备的 Tap 事件（不过后者可能还需要一些创意）。

按钮元件是一种创建按钮的高效方式，这种按钮最多可包含 4 种状态（弹起、滑过、按下和按下时滑过），还可给它添加超链接。几乎任何图形或文本对象都可变成按钮。创建按钮元件后，可将其重复用于导航。每个按钮元件的实例都可有其自定义文本、URL 和目标，而不会破坏双向的元件 - 实例关系。

按钮实例是独立的。所有切片对象、图形元素和状态都组合在一起，如果用户在画布上移动按钮的弹起状态，其他状态和按钮切片也将随之移动。

用户使用"HTML 和图像"选项导出按钮时，Fireworks 将生成必要的 JavScript 以便能够在 Web 浏览器中显示变换图像效果。在 Adobe Dreamweaver 中，可轻松地将来自 Fireworks 的 JavaScript 和 HTML 代码插入到网页或任何 HTML 文件中。然而，这里推荐使用"HTML 和图像"选项导出为站点设计的原型，而不是直接作为最终网站导出。

现在，"HTML 和图像"导出工作流程越来越不被重视。人们使用直接的图像导出工作流程，图形被写入 CSS 作为背景图像，而 HTML 则被直接被网页文档所用。然而，在创建真实原型方面，按钮元件还是具有不可替代的地位。

创建按钮元件

用户可以从任何对象创建按钮，但通常从矢量形状或位图对象创建按钮。

1. 确保打开了文件 nn_webpage.fw.png file。

2. 确保图层 Navigation 为活动状态，选择矩形工具，并绘制一个宽 100 像素、高 20 像素的矩形。

3. 使用指针工具或属性面板将矩形的 x 和 y 坐标分别设置为 650 和 130。

4. 打开样式面板，并从"样式"列表中选择"塑料样式"。选择样式 Plastic 099。该矩形将呈现通透的蓝色。

5. 选择菜单"修改">"元件">"转换为元件"。

6. 将元件命名为 navButton。

7. 将类型改为"按钮"，并单击"确定"按钮，如图 9.21 所示。

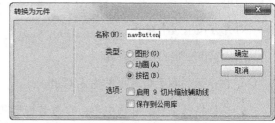

图9.21

现在回到了主画布。Fireworks 自动给按钮元件添加了一个绿色切片，如图 9.22 所示，因为按钮元件主要用于实现变换图像效果，而切片支持切换到其他按钮状态。

为确保渐变的高品质，应把该文件的导出格式设置为 PNG 24。

8. 如果必要，打开优化面板，并从"导出文件格式"列表中选择 PNG 24，如图 9.23 所示。PNG 24 比 JPEG 能够更好地保持文本清晰，虽然 PNG 文件比 JPEG 文件大，但这些按钮很小，不会对最终的页面大小产生太大影响。

图9.22

图9.23

编辑按钮元件

一开始，按钮元件与图形元件一样也只有一种状态。按钮还需要文本标签。Fireworks 创建的切片试图包含按钮的所有视觉属性，其中一些属性不容易看到。下面给按钮添加文本并添加另一个状态。

1. 双击按钮切片，除按钮外的其他所有对象都将变淡，如图 9.24 所示。

2. 选择文本工具。

3. 在属性面板中做出如下设置。

字体系列：Arial

字体样式：Regular

图9.24

字体大小：12

填充类别：实色填充

颜色：白色

对齐方式：居中对齐

消除锯齿：强力消除锯齿

4. 在矩形的右上角单击并输入 Gallery。

5. 选择指针工具，并拖曳出一个覆盖矩形和文本块的选取框以选择它们。

6. 打开对齐面板，并单击"水平居中"图标和"垂直居中"图标，让文本位于矩形内，如图 9.25 所示。

图9.25

7. 使用指针工具单击按钮的外面，准备创建一种变换图像状态。

8. 在属性面板中，从"状态"下拉列表中选择"滑过"，如图 9.26 所示。按钮消失了。

9. 单击"复制弹起时的图形"按钮，如图 9.27 所示。这将复制弹起状态到滑过状态中。

图9.26

图9.27

10. 使用指针工具选择矩形。

11. 打开渐变编辑器，并选择"反转渐变"。

12. 单击导航条"页面 1"返回到主画布。

Fw | 注意：如果需要复习页面和状态的概念，可以参阅第 2 课。

Fw | 注意：对于实际网站，大多数设计人员都使用 CSS 和背景图像（而不是 JavaScript 和内嵌图像）创建变换图像效果。然而，在创建交互式 HTML 原型方面，按钮元件具有不可替代的地位。

Fw | 注意：按钮元件通常包含一个或多个图形导航按钮，它们有不同的外观以反映按钮的状态。因此，必须确定最长的按钮文本有多长，以便设置合适的字体大小，使得按钮形状能够容纳各种按钮文本。

添加更多按钮

大多数网站都需要多个导航按钮，下面再添加几个按钮。

1. 确保选择了指针工具，且按钮切片处于活动状态。

2. 按住 Alt 键（Windows）或 Option 键（Mac），并使用指针工具将按钮向左拖曳，直到它与原始按钮的右边缘对齐（按住 Alt/Option 键并拖曳将创建选定对象的拷贝）。让智能辅助线来帮助新按钮放在原来的按钮右边且紧靠它。

3. 选择这两个按钮，然后重复第 2 步两次，得到 6 个按钮，如图 9.28 所示。

当前，全部 6 个按钮的文本都相同，这没有多大帮助。

4. 选择最左边的按钮，在属性面板中，"文本"文本框中将出现 Gallery。

5. 将文本改为 Home 并按 Enter 键。

该按钮的文本将相应地更新。

6. 选择第 2 个按钮，将其按钮文本改为 The Journey 并按 Enter 键。

7. 选择第 3 个按钮，将其按钮文本改为 The Campsite。

8. 将第 4 个和第 5 个按钮的文本分别改为 On the Water 和 Hiking，如图 9.29 所示。

图9.28　　　　　　　　　　　　　　　　　　　　图9.29

给切片重命名。出于版面组织有序的考虑，顺便也将图层面板列表的顺序按导航栏按钮的顺序调整。

9. 单击 Home 按钮，在属性面板中将按钮名改为 button_home。

10. 单击 The Journey 按钮，并将按钮名改为 button_journey。

11. 单击 The Campsite 按钮，并将按钮名改为 button_ campsite。

12. 将接下来的两个按钮的名称分别改为 button_water 和 button_hiking。

> **Fw** **提示**：通过在每个按钮名中使用一致的打头单词（如这里的 button），使得在 Windows 资源管理器、Mac Finder 和 Dreamweaver 的文件面板中更容易找到成组的类似图形，因为导出这些图形时，Fireworks 将使用这些名称。

> **Fw** **注意**：添加按钮元件时出现的的红线是切片辅助线。这是 Fireworks 的提示，若被导出为 HTML 与图像或使用切片导出图像，设计将被如何切片。这些辅助线此时并不重要，因此如果读者觉得不方便，可将切片辅助线隐藏（选择菜单"视图">"切片辅助线"）。

测试变换图像效果

下面来测试变换图像效果。

图9.30

1. 单击工具面板中的"隐藏切片和热点"按钮（▣）。

2. 单击文档窗口顶部的"预览"按钮，如图 9.30 所示。

3. 将光标依次指向 6 个按钮。指向每个按钮时，渐变都将反转，而文本都将变成白色的。

4. 切换到原始视图。

动画元件

动画元件让您能够快速生成各种基于状态（在旧版本的Fireworks中基于帧）的动画，包括移动、可视性、不透明度和大小。由于动画要求文档包含多个状态，因此最好独立地创建它们——放在一个新文档中或现有文档的独立页面中，而不是将其作为网页设计的一部分。这样可避免从设计的其他部分导出不必要的图像。

洋葱皮

与仅让对象处于不同的状态相比，动画元件稍有不同。通过拖曳状态1中的动画路径，可控制动画的方向和距离。正常情况下，只能看到位于选定状态中的对象，但通过使用被称为洋葱皮的功能，可根据需要看到任意数量的状态。洋葱皮让用户能够查看当前选定状态之前和之后的状态。

导出选项

动画元件可导出为动画GIF或栅格化SWF文件。在动画方面，GIF动画格式的功能不多，这也是Fireworks没有大量针对动画的特殊选项的原因。如果要创建用于Web的复杂动画，可使用Adobe Edge。

修改动画设置

虽然可使用播放控件来观看动画，但它们没有模拟动画的实际速度。鉴于此，必须在Web浏览器或预览窗口中预览动画。

动画的运行速度称为"状态延迟"，默认情况下，动画中的每个状态显示7/100秒。通过增大这个值（如增大到20/100秒）可降低动画的速度。相反，降低这个值将提高动画的速度。可选定特定的状态并修改其状态延迟，也可选定一系列状态并同时修改它们的状态延迟。

要了解更多关于创建GIF动画的内容，可以参阅Fireworks帮助文档。

创建"高分辨率元件"

如果元件包含位图，那么放大元件时图像质量就会受损。还好，有一个不错的替代方案，可使用所谓的"高分辨率元件"。简单地说，创建的元件中包含的位图分辨率非常高，高到超出任何基于屏幕的显示需求。在网页背景图像的设计中，会详细介绍这个设计过程。

破坏性的缩放

缩放位图会永久性改变图像的像素，缩小剔除像素，放大则增加像素。下面做一个小实验，读者可以直接感受一下缩放位图对图像质量的影响。

1. 锁定并隐藏除图层 background 以外的所有图层。

2. 可能还需将按钮元件创建的切片辅助线隐藏起来。选择菜单"视图">"切片辅助线"隐藏切片辅助线。

3. 取消锁定图层 background，并选择背景图像。

下面的步骤是破坏性的，但它将证明上述所说的观点。更重要的是，这个步骤也是可逆的。

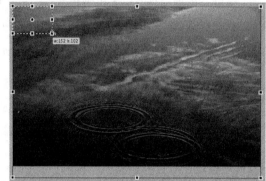

图9.31

4. 选择缩放工具。

5. 从右下角向左上拖曳图像，直到图像宽度为大约 150 像素为止，不必那么精确，如图 9.31 所示。

6. 按 Enter 键提交缩放。图像现在的尺寸看起来挺精致的，如图 9.32 所示。但如果用户改变主意，要重新放大它的尺寸，我们来看看吧。

7. 再次选择缩放工具，将图像放大到吻合或接近主设计的宽度。

还没有提交新尺寸，就已经能看到图像质量有多差了，如图 9.33 所示。这是因为缩小图像是一个破坏性的过程，像素数据被剔除了，重新放大并不能恢复像素。

图9.32

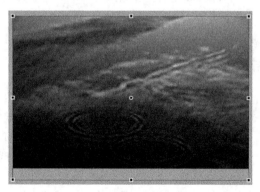

图9.33

8. 按 Esc 键撤销放大操作，然后使用快捷键 Ctrl+Z（Windows）或 Command+Z（Mac）以撤销刚才的缩小操作。

注意到图像应用了一个"色阶"动态滤镜。

9. 使用快捷键 Ctrl+C（Windows）或 Command+C（Mac）以复制图像，作为下一个阶段练习的素材。

准备好见证奇迹了吗？

接下来观察缩放的魔术——创建高分辨率元件。

1. 选择菜单"文件">"导入"，找到文件 web_background_lrg.jpg 并打开它。

2. 导入鼠标出现时，单击画布导入图像，保留原始尺寸 2000 × 1339 像素。

3. 选择菜单"修改">"元件">"切换到元件"。

4. 将元件命名为 background image，将类型设置为图形，单击"确定"按钮。

画布上的实例还是非常大。

5. 缩小视图至 25% 以下，以使图像的边界可见。

6. 选择缩放工具，缩小图像，直到宽度吻合页面设计的宽度为止。

按 Enter 键提交修改。

7. 放大视图至 100%。

8. 在图层面板上，隐藏原始图像。

9. 使新实例处于活动状态，并再次选中缩放工具。

10. 缩小图像至宽度为 150 像素，不必那么精确，如图 9.34 所示。确保拖曳边角上的控制手柄，而不是中间的控制手柄。

11. 按 Enter 键提交新尺寸。

还记得上一个缩放图像练习中创建的又不美观又模糊的图像吗？看看这一次重新调整尺寸后是什么样子。

12. 再次选择缩放工具，放大图像，直到宽度再次吻合页面的宽度。图像可能会稍微超出画布，这没关系，因为页面的高宽比和图像不同。别忘了按 Enter 键提交修改。

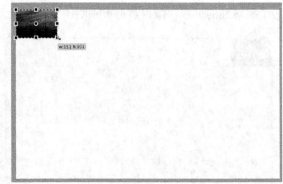

图9.34

注意到这一次缩放并没有产生图像质量的变化，就好像从未缩小过图像。Fireworks 的对实例的缩放是基于元件的原始分辨率的，在这里是 2000 像素宽。如果要看到图像质量变化，起码要放大该图至 2000 像素以上。在设计早期，当用户还不能确定位图图像用于特定设计需要多大或多小时，这个技巧非常实用，可避免许多撤销步骤的操作，也可让用户不必总是搜索原始文件。

Fw 注意：实用高分辨率元件技巧，也会增大 Fireworks PNG 文件的尺寸。注意在文档中不要经常使用这个技巧，否则可能会降低 Fireworks 的工作效率。

最后一个戏法

读者已经学会了如何在多个图像上保持一致的效果以及精确地复制图像效果，还处理过样式和元件，接下来还有最后一个小戏法。刚才，读者复制了一张分辨率较低的图像。现在，使用这个低分辨率的复制图像，来设定大图像的颜色效果。

1. 选择菜单"编辑" > "粘贴属性"。"色阶"动态滤镜自动应用到了实例上。

2. 恢复显示其他图层，并取消锁定主内容图层。

3. 保存文件。

完成设计

为完成该模型的最后修饰，下面在边栏和主内容区域添加一些占位文本。

1. 在图层面板上，取消锁定并选择图层 text。

2. 选择文本工具。

3. 在属性面板上，选择一种老式的衬线字体（如 Georgia），并做出如下设置。

字体样式：Bold

字体大小：14（可能需要根据选择的字体调整字体大小）

字偶距或字间距：10

对齐方式：左对齐

颜色：颜色

4. 选择菜单"命令" > "文本" > "Lorem Ipsum"，如图 9.35 所示，以添加一个占位文本段落。

5. 在边栏上使用指针工具拖曳文本段落，如图 9.36 所示。利用智能辅助线使文本块的左侧边缘对齐到图像 kayak。

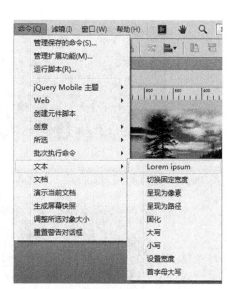

图9.35

Lorem ipsum dolor sit amet, consectetuer adipiscing elit, sed diam nonummy nibh euismod tincidunt ut laoreet dolore magna aliquam erat volutpat. Ut wisi enim ad minim veniam, quis nostrud exerci tation ullamcorper suscipit lobortis nisl ut aliquip ex ea commodo consequat. Duis autem vel eum iriure dolor in vulputate velit esse molestie consequat, vel illum dolore eu feugiat nulla facilisis at vero eros et accumsan et iusto odio dign... blandit praesent luptatum zzril delenit augue duis dolore te feugait nulla facilisi.

x:30 y:189

图9.36

6. 往左拖曳文本块右侧的中间控制手柄，直到文本块对齐图像 kayak，如图 9.37 所示。

文本块大小出现变化，对边栏来说，文字显然太多了。

7. 双击文本块，以进入文本编辑模式。选中边栏底部超出的文本，并删除。

8. 单击文本块 3 次，以选择整个文本段落。

9. 按住 Ctrl 键（Windows）或 Command 键（Mac），按向右箭头键两次，将字符间距增大 10%。

10. 如果必要，继续编辑文本，确保文本和图像不重叠，如图 9.38 所示。

Lorem ipsum dolor sit amet, consectetuer adipiscing el... euismod tincidunt ut laoreet dolore magna aliquam era... minim veniam, quis nostrud exerci tation ullamcorper aliquip ex ea commodo consequat. Duis autem vel eum vulputate velit esse molestie consequat, vel illum dolo... vero eros et accumsan et iusto odio dignissim qui bland... delenit augue duis dolore te feugait nulla facilisi.

图9.37　　　　　　　　　　　　　　　　　　图9.38

11. 重复第 4 步以添加另一个文本段落，并使其与主内容区域的第一个图像对齐，如图 9.39 所示。

Lorem ipsum dolor sit amet, consectetuer adipiscing elit, sed diam nonummy nibh euismod tincidunt ut laoreet dolore magna aliquam erat volutpat. Ut wisi enim ad minim veniam, quis nostrud exerci tation ullamcorper suscipit lobortis nisl ut aliquip ex ea commodo consequat. Duis autem vel eum iriure dolor in hendrerit in vulputate velit esse molestie consequat, vel illum dolore eu feugait nulla facilisis at vero eros et accumsan et iusto odio dignissim qui blandit praesent luptatum zzril.

图9.39

12. 删除任何超出图像 kayak 底部边缘的文本。

13. 按住 Alt 键（Windows）或 Option 键（Mac），同时使用指针工具拖曳文本段落，对齐至第 2 个图像处。

14. 重复第 13 步，创建新文本段落并对齐至第 3 个图像，如图 9.40 所示。

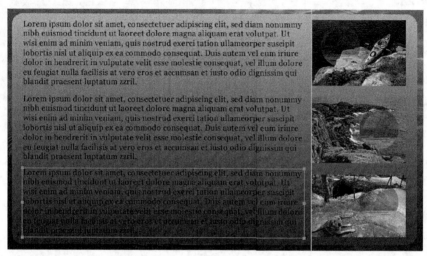

图9.40

15. 保存文件，最终结果如图 9.41 所示。

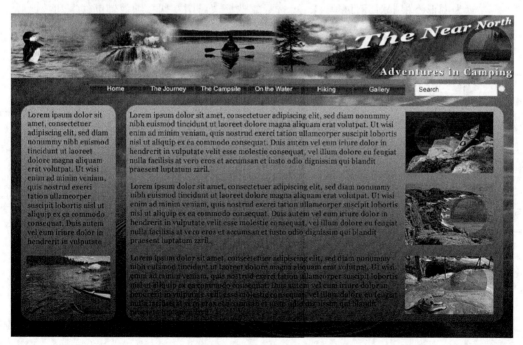

图9.41

复习

复习题

1. 有哪 3 种主要的元件？

2. 元件可包含哪些对象？

3. 如何创建图形元件？

4. 如何创建按钮元件？

5. 公用库的重要性何在？

复习题答案

1. 3 种主要的元件是图形元件、按钮元件和动画元件。

2. 元件可包含矢量、位图或文本对象；元件甚至可包含其他元件，这称为嵌套元件。

3. 要创建图形元件，可选择要包含在元件中的对象，再选择菜单"修改"＞"元件"＞"转换为元件"。在"转换为元件"对话框中，给元件命名，并将类型设置为图形。根据对元件的要求，可选择复选框"启用 9 切片缩放辅助线"和"保存到公用库"。

4. 要创建按钮元件，可选中对象并选择菜单"修改"＞"元件"＞"转换为元件"，并将类型设置为按钮。按钮元件真正的魅力在于一个元件可以创建 4 个元件状态。要创建不同状态，先打开按钮元件并进入元件编辑模式（双击元件）。在不选中任何对象的情况下，用户可选择属性面板上的 4 种状态。在每个状态上添加设计，就和"复制弹起"（滑过和按下）按钮一样简单。可随用户想法编辑状态。

5. 公用库包含大量预置的图形元件、按钮元件、动画元件和组件元件，用户可轻松地将其拖放到设计中。用户还可将自己的自定义元件保存到公用库中，以便能够在任何文档中使用它们。

第**10**课 Web页面及移动页面优化

课程概述

Fireworks 植根于 Web 图形，优化在所难免，必须在品质和文件大小之间平衡。通过适当的优化最自小程度损失图像质量，以及缩短 Web 浏览器下载并显示这些图像所需的时间。

前面介绍了在 Fireworks 中处理图形的基本知识，下面将这些技能用于创建和优化网页素材以及网页本身。在本课中，读者将学习如下内容：

- 将单幅图像导出为 Web 格式；
- 为包含切片的图形选择最佳的 Web 格式；
- 使用优化面板和预览视图来优化图像；
- 使用切片工具将网页模型中的图形划分成切片；
- 使用切片工具添加变换图像效果；
- 将单个网页导出为 HTML 原型；
- 导出 CSS Sprite 图像；
- 在矢量对象上提取 CSS 属性。

    学习本课需要大约 90 分钟。如果还没有将文件夹 Lesson10 复制到硬盘中为本书创建的 Lessons 文件夹中，那么现在就要复制。在学习本课的过程中，会覆盖初始文件；如果需要恢复初始文件，只需从配套光盘中再次复制它们即可。

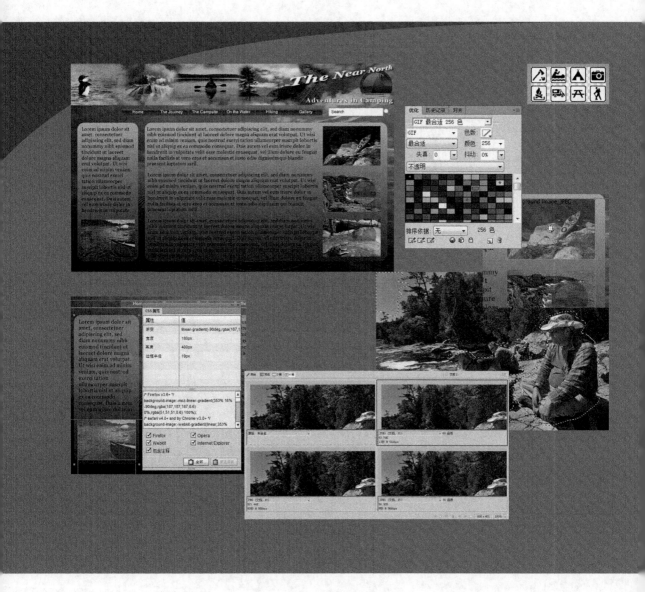

Fireworks 多才多艺，但从本质上说，它是一个 Web 图形应用程序，可同于创建模型、编辑屏幕分辨率图像、将图形导出为 Adobe Edge 格式或移动应用程序所用，以及优化图像并将其导出为 CSS 和 HTML。

优化基础

为何要针对 Web 和移动应用程序优化图像呢？简单地说，并非每人都有奢侈的高速 Internet 连接，能够快速下载网页。通过优化图像，可缩小文件，从而缩短用户将其下载所需的时间，而不论可用带宽（连接速度）如何。这样，网页的有效重量（所有网页素材的文件大小，包括网页本身）将降低，这还意味着它们占用的 Web 服务器空间更小，并减少了下载它们所需的带宽。此外请记住，现在已经是移动的世界，平板设备和智能手机下载网页时，用起带宽可是不留情面的。

通过优化图形，可在颜色、文件压缩和品质之间获得平衡，让用户在确保品质可接受的同时尽可能缩小文件，从而缩短下载时间。在 Fireworks 中，优化图形包含下面两个基本而重要的步骤。

- 为各种图形选择最佳的文件格式。

- 设置随格式而异的选项，如颜色深度和品质等级。

Web 图形格式

从某种程度上说，选择哪种文件格式是一种见仁见智的决策，下面是一些定义和通用指导原则。

- JPEG（Joint Photographers Expert Group）：对摄影图像而言，使用 JPEG 格式可提供照片级（24 位）颜色，用户可控制文件的品质和压缩率。品质越高意味着压缩率越低，进而意味着文件越大。JPEG 也是一种有损格式，这意味着每保存 JPEG 文件一次，都将丢弃更多的原始图像数据。在必须使用 JPEG 格式时，应尽可能在诸如 PNG、TIFF 和 PSD 无损格式下编辑文件，最后再将文件保存或导出为 JPEG 格式（在复合图像包含渐变、投影或光晕时，也可使用 JPEG 格式）。

- GIF（Graphic Interchange Format）：GIF 最多只能包含 256 种颜色（8 位），但这些颜色是可定制的。GIF 通常适合用于纯色图像，如 Logo、线条图或基于文本的图形。这种格式支持透明度设置（索引色透明度），从而给人以图像悬浮在另一幅图形或彩色背景上的印象。GIF 支持基于帧的动画，让用户能够创建简单的 Web 图形动画，但要创建复杂或大型动画，应考虑使用 Adobe Flash Professional。

- PNG（Portable Network Graphic）：PNG 格式让用户能够兼顾两方面，可选择 32 位、24 位或 8 位 PNG 输出。32 位 PNG 支持 24 位真彩色，并使用 8 位支持 Alpha 透明度，让用户能够获得更逼真的投影或光晕，还可让图像在网页上呈现出半透明。图像与网页的背景色无缝混合。24 位 PNG 采用适度的压缩和损失率，这意味着保存文件时不会丢弃图像数据。然而，不同于 JPEG，用户不能控制压缩率和品质，文件大小将保持原样。8 位 PNG 类似于 GIF，但不支持基于帧的动画。导出为 PNG-8 时，文件通常比使用 GIF 格式更小。这种格式绝对值得一试。

Fw 注意：Fireworks 将改进的 PNG 格式作为其本机文件格式，让用户在编辑文件时拥有极大的灵活性。这种格式包含有关图层、状态和效果的信息，因此生成的文件比标准拼合 PNG 文件要大得多。鉴于此，在实际网页中应避免使用 Fireworks 本机 PNG 格式，即使浏览器将渲染它们。如果要使用 PNG 格式保存网页图像，将其导出为 8 位、24 位或 32 位 PNG 文件。32 位 PNG 文件就是在 24 位 PNG 上使用 8 位以支持 Alpha 透明度。

保存和导出

Fireworks总是区分保存和导出。一般而言，导出文件得到的是拼合的位图图像，最终的文件不包含图层、矢量及其他可编辑的对象。导出文件时，还将使用优化面板中的信息来控制导出的文件的格式、品质和颜色深度。如果选择了相应的选项，导出文件时还可能生成一个HTML网页。拼合图像规则的一种例外情况是"导出为Adobe PDF"。读者将在第11课和第13课学习有关这些导出选项的更多内容。

保存文件（选择菜单"文件" > "保存"）将以原始格式保存文件，除非添加了该格式不支持的元素。例如，JPEG文件是平面文件，它不支持额外的对象、图层和可编辑的效果。因此，如果在打开的JPEG文件中添加了这些元素，保存时，Fireworks将显示一条警告消息，指出这些可编辑的元素将丢失，并询问是否确实要将文件保存为JPEG而不是将其保存为Fireworks PNG文件。保存文件时将忽略优化面板中的设置，而使用文件固有的默认设置。

使用"另存为"（选择菜单"文件" > "另存为"）存储文件时，有更多格式可供选择，也允许用户自定义优化面板设置。用户可存储为拼合的格式（如JPEG、BMP和GIF）、SWF、包含多个图层的Adobe Fireworks PNG文件、Adobe Photoshop PSD文件以及Adobe Illustrator AI文件（仅适用于AI 8）。用户可单击"另存为"对话框中的"选项"按钮以定制这些设置。

保存有些类型的文件时，可选择其他选项，如保留XMP元数据；但导出文件时，无法保留XMP元数据。

Alpha透明度和索引色透明

位图有两种类型的透明度：Alpha透明度和索引色透明。

索引色透明，颜色表里的每一个颜色都被赋予了指定透明度。这个值要么是0（透明）要么是1（不透明），没有中间不透明度。颜色要么显示要么不显示，所以索引色透明可以显示高质量的投影或光晕效果。

Alpha透明度，图形上每一个颜色都拥有一个Alpha通道数值，表示透明的程度。打开色彩空间RGB（常见于基于CSS3的效果）可以看到，颜色只能由红（R）、绿（G）、蓝（B）3个通道来定义。

Alpha值定义颜色的不透明度。这个数值在0（透明）到1（不透明）之间，例如，可设置为0.5，表示50%的不透明度。数值越接近0，透明度就越高；数值越接近1，不透明度就越高。这能展现出真实自然的投影和光晕，也支持渐变色与背景的无缝混合（无论背景图像是实色填充、图案或甚至是一张图片）。

优化面板简介

默认情况下，优化面板位于最上面的面板组中，如图10.1所示。如果没有看到它，选择菜单"窗口">"优化"将其拉到最前面。在优化面板中，用户可选择导出单幅图像、选定图像的切片或一组切片时使用的图形文件格式；设计中的每个切片都可使用完全不同的优化设置，这让用户对网页的重量有极大的控制权。

不包含切片的图像或网页设计只能有一种优化设置。包含一个或多个切片的图像有针对每个切片的优化设置以及针对所有非切片区域的优化设置。在属性面板或优化面板中修改优化设置时，将应用于当前选定的切片；如果当前没有选择任何切片，优化设置将应用于非切片区域。

优化面板是上下文敏感的，当修改导出格式时，面板将显示当前格式的选项。例如，如果选择JPEG，如图10.2所示，优化面板将只显示"色版"、"品质"、"选择性品质"和"平滑"等选项，如图10.3所示。

图10.1

图10.2

图10.3

GIF、GIF动画和PNG8包含色版、索引色版类型、颜色数、失真、抖动和透明度等选项。

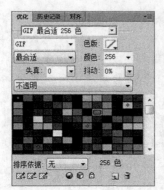 

PNG24 和 PNG32 除透明的色版颜色外，没有其他用户控件。PNG 格式异于 JPEG 的一个优点是，它是一种无损格式。

优化面板菜单中包含优化面板中没有的选项，如给 GIF 文件指定交错、连续的 JPEG 等。面板菜单还能让用户快速访问导出向导以及"优化到指定大小"命令。

Fw 注意：从某种程度上说，这是一种见仁见智的决策，尤其在品质或文件大小变化很小时。如果设计的是企业内部网网站，将在文件大小和品质方面有更大的选择空间。

什么是色版颜色

在所有导出格式中，都可指定色版颜色，它是 Fireworks 用于没有被对象覆盖的所有画布区域的颜色。修改文档的画布颜色将相应地更新色版颜色，但也可使用"色版颜色"选项独立地修改色版颜色，而不影响原始画布的颜色。如果要导出同一个图形，以便将其用于各种背景色的网页，这种功能将很有用。另外，导出背景为透明的 GIF 或平面 PNG 文件时，也可使用色版颜色。为让透明区域更好地混合，应将色版颜色设置为网页的背景色。

优化单个图像文件

下面先优化单个图像，以为 Near North 网站所用。通过修改图像的品质、格式和压缩，读者将学习 Fireworks 导出过程中的几项基本功能。

使用预览

在确定优化设置时，预览模式是必备工具。

1. 打开文件夹 Lesson10 的文件 sand_river.tif。

2. 如果没有在面板停放区看到优化面板，选择菜单"窗口">"优化"打开该面板。

3. 使用快捷键 Ctrl+1（Windows）或 Command+1（Mac）将缩放级别设为 100%。

在文档窗口顶端，注意到有 4 个视图选项：原始、预览、2 幅和 4 幅，如图 10.4 所示。Fireworks 的默认视图为原始，这是您编辑时使用的视图。其他 3 种视图能够根据优化面板中的设置在各种格式下预览设计。

图10.4

4. 单击"预览"按钮。

该视图类似于原始视图，但应用了优化面板中的设置。在该视图下，用户无法编辑或选择对象。

5. 在优化面板中，从"保存的设置"下拉列表中选择"GIF 最合适 256 色"，如图 10.5 所示。

6. 放大视图至 200%，仔细研究图片前景上男子的脸。注意到脸部的颜色很模糊的，如图 10.6 所示。同样，左上角的蓝色天空没有该有的平滑流畅，反而被一些粗糙的同心圆形占据。

图10.5

图10.6

GIF 文件最多只能显示 256 种颜色值，因此在渲染渐变效果方面做得很糟糕。

7. 查看文档窗口的左下角。状态栏显示了导出文件信息"175.16K 28 秒 @ 56kbps GIF（文档）"（在计算机中，显示的文件大小可能稍微不同），如图 10.7 所示。在原始视图下，该文件信息区域也可见，它指出了将图像基于其优化设置及慢得可怜的拨号连接网络导出文件时得到的文件大小以及所需的下载时间。

175.16K 28秒 @ 56kbps GIF（文档）

图10.7

8. 在优化面板中，从"保存的设置"下拉列表中选择"JPEG– 较高品质"。前面说过，导出包含渐变且颜色范围较宽的图像时，JPEG 通常是好得多的选择。

图片的颜色和基调一下子平滑了起来，如图 10.8 所示。同样重要的是，文档窗口中的状态栏显示的信息为"83.79K 13 秒 @56kbps JPEG（文档）"，如图 10.9 所示。图像品质提高了，而文件却小了至少 50%。

图10.8   图10.9

9. 切换到 2 幅视图。文档窗口划分成了两个窗口：左边显示的是原始视图，而右边显示的是图像的当前优化设置。在需要比较原始设计和优化版本之间的品质时，这种视图很有用。

10. 选择指针工具，并在右边的窗口中单击，其周围将出现一个粗框，表明这是活动窗口。

11. 按住空格键，当光标变为手型时，拖曳图像以看见参加远足的大部分人。注意到图像在两个窗口中都出现平移，如图 10.10 所示。

图10.10

> **Fw** 注意：使用 GIF 或 PNG8 时，用户可抖动图像，以模拟没有色调的样式。抖动操作可以带来看到连续色调的效果，但代价就是增加了文件尺寸。

> **Fw** 提示：在 MacBook Pro 上，按住空格键的同时，还需按压触控板以达到图像平移的效果。

12. 在优化面板中，将品质改为 50%，如图 10.11 所示。为此，可输入该值并按 Tab 或 Enter 键，也可拖曳滑块。（输入值时，需要过一会儿才会使用新的质量设置更新预览。）

图10.11

文件将缩小到大约 34.21K。但显然图像质量水平下降了。这就是一直强调的：在可接受的图像质量和尺寸大小之间找到平衡。对于这么大的图像来说，34K 已经相当小了，但图像质量也相当粗糙。

> **Fw** 提示：也可在属性面板中指定切片的基本 Web 优化设置，但使用优化面板可获得大得多的控制权。考虑到设计或其中的元素可能用于其他用途或介质，优化面板还包含非 Web 格式，如 TIFF 和 BMP。

选择优化设置

将要导出的图像与原件进行比较很重要，但在优化面板中做细微的修改可能导致最终的导出文件截然不同。下面尝试其他一些预览选项。

1. 将缩放级别恢复到 100%。即使在这种 1∶1 缩放比例下，伪像仍是可见的，这对用户或客户来说可能是无法接受的。

2. 单击"4 幅"按钮。文档窗口将包含 4 个预览，其中左上角为原始视图。

3. 设置右上角的预览压缩率为 80。

4. 选择右下角的预览，并在优化面板中将品质改为 70。

5. 选择左下角的预览，并将文件格式改为 PNG24。

现在有 3 种使用不同品质 / 压缩率 / 格式的预览，可将其同左上角的原件进行比较。通过查看这些同一个文件的不同版本，可快速确定最佳的文件大小和图像品质组合。

6. 放大到 150%，并将左下角的 PNG24 与原始图像进行比较。它们之间没有明显的差别，但是，PNG24 的导出尺寸大于 500K——对网页上单个图像来说，这也太大了！

7. 将两个不同的 JPEG 版本与原始图像进行比较。别忘了，它们的品质都不如原件，要尝试判断哪个版本是最合适的。品质为 80% 的版本看起来不错，但它大约是 84K，如图 10.12 所示。品质为 70% 的版本大约 60K，看起来还不错。而且在 100% 视图下，伪像不明显。但是 70% 的版本还是太大了。

要是能在指定的区域里显示更好的图像质量，压缩率高，又不影响重要细节就好了。其实 Fireworks 就有这个功能，叫做选择性质量。

图10.12

使用选择性品质进行优化

选择性品质是 Adobe Fireworks 里默默无闻的英雄之一。可通过使用位图选区，为图片上包含重要细节的指定区域添加蒙版，并对这些区域设置高品质值（低压缩率）。

1. 切换回预览视图。

2. 选择套索工具。

3. 在属性面板上，修改套索工具的边缘为羽化，并设置数值为 10。

4. 在远足者周围绘制一个粗略的选区。

5. 按住 Shift 键，在图片左上角的蓝色天空绘制选区，如图 10.13 所示。

JPEG 高压缩率，总造成实色填充区域的过度压缩，如蓝天，甚至实色文本。读者将修复这个问题，让天空看起来自然。尽管蓝天没有重要细节，JPEG 上不自然的效果非常明显，影响了图片的全局质量。

6. 选择菜单"修改" > "选择性 JPEG" > "将所选保存为 JPEG 蒙版"，如图 10.14 所示。

图10.13

图10.14

7. 选取框消失了，取而代之的是一个半透明的粉色蒙版。它就是 JPEG 蒙版。

8. 切换到 2 幅视图，选择右边的预览。

在右边的预览上，蒙版是隐藏的，而左边的原始图像上的蒙版还是可见的，如图 10.15 所示。

图10.15

9. 在导出文件格式菜单中，如果 JPEG 没有被选中，选中它。

10. 将品质设置为 40，选择性品质设置为 70。

注意到更新的文件大小大约是 43K。文件尺寸变小了，而被高度压缩的区域是没有重要细节的区域。

11. 为证明选择性品质的实用，尝试设置品质为 5。对比效果将非常明显，再将品质设置回 40。

导出文件

最后一步是将该 TIFF 文件导出为 JPEG 文件。

1. 选择菜单"文件">"导出"。

2. 切换到文件夹 Lesson10。

3. 将文件名改为 sand_river.jpg。

4. 从"导出"下拉列表中选择"仅图像"。

5. 保留选中复选框"包含无切片区域"和"仅限当前页"。

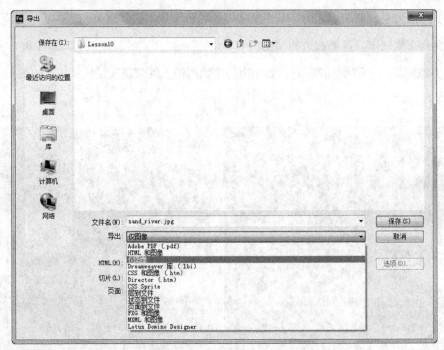

6. 单击"保存"（Windows）或"导出"（Mac）按钮。

7. 返回画布后保存文件为 Fireworks PNG 格式，在优化面板中所做的设置随 JPEG 蒙版一起保留，然后关闭文件。

Web 工具概述

要使用 Fireworks 合成将转换为 HTML 网页原型的图像，用户必须熟悉 Web 工具。

工具面板中有很多与 Web 相关的工具，如下所示。

• 3 个热点工具让用户能够在图像上绘制矩形、圆形或多边形。导出为 HTML 后，热点链接到其他网页或触发其他事件，如远程变换图像。

- 切片工具（）和多边形切片工具（）让用户能够将大型图像分割成小片，它们也可用于选择网页原型的特定部分，以便将其导出为图形。
- "隐藏热点和切片"按钮（）隐藏切片和热点。
- "显示热点和切片"按钮（）显示切片和热点。

创建和优化切片

切片是图像或设计的一部分，用户要将其导出为单独的图形。导出为"HTML 和图像"时，每个切片都可包含交互性，如变换图像、超链接和远程变换图像。但这个工作流仅适合交互性原型，不适合最终网页。切片总是添加到 Fireworks 文档中的网页层中。

Fireworks CS6 中有一个新功能，可将包含切片的图形导出为单个图形文件，保存为 Sprite Sheet。Sprite Sheet 可结合 CSS 使用，通过 background-position 属性显示或隐藏文件的不同部分。图标、按钮、Logo 或背景图像——网页窗口上所有的装饰——都可以添加到 Sprite Sheet 中。

除了 CSS Sprite 之外，每个 Web 切片都有其优化设置。如果没有切片，图形或设计将只有一套优化设置，如本课的第 1 个练习所示。

在本节中，读者将学习多种创建切片的方式、如何优化各种图形的切片、如何给切片命名、如何创建 CSS Sprite Sheet，以及如何从矢量对象上提取 CSS 属性。第 12 课会更详细地介绍交互功能以及多页面原型。

选择使用哪种切片工具

可选择两种形式的切片工具：矩形和多边形。网页通常采用网格布局，因此通常使用标准的切片工具。

如果要让非矩形区域变成交互式的，多边形切片工具将很有用，但这种工具使用 HTML 表格、热点和切片（导出的文件由放在表格中的切片以及一个多边形热点组成）。

在网页中，并不能有真正的多边形图像，也不能有椭圆形图像。不管是否希望，一切都是矩形，因为 HTML 只使用宽度和高度表示网页中的图像。如果使用了大量的多边形切片，HTML 代码将非常复杂，这将占用更多的 CPU 处理时间，从而降低浏览速度。

使用切片工具手工创建切片

下面将使用标准切片工具分割一个网页模型。精确地进行分割很重要，如果要创建手工切片，务必放大到 150% 或 200%，以确保切片包含要导出的整个区域。

1. 打开文件夹 Lesson10 中的文件 nn_homepage.fw.png，这是一个完成后的网页模型。

2. 选择缩放工具，放大视图以突出横幅区域，如图 10.16 所示。这有助于确保只切出图形，而不包含其周围的任何区域。

图10.16

3. 选择切片工具，绘制一个覆盖整个横幅的方框。注意底部边缘，确保不要选中背景的水图像。

横幅图像上面将出现一个半透明的绿色矩形，这是一个图像切片，如图 10.17 所示。

图10.17

切片有 3 个主要的部件：切片名（用户可指定它）、切片选择手柄（用于调整切片的大小）和行为手柄（用于给切片添加交互性）。另外，还将显示红色的切片辅助线，它们表明 Fireworks 将自动切割文档的其他部分，如图 10.18 所示。

用户创建切片时，Fireworks 将自动给切片指定一个名称，该名称基于图像的文件名以及切片在基于 HTML 表格布局中的位置。导出切片时，这些名称将成为切片的实际文件名。这些名称很神秘，很可能对以后的网页制作过程没有任何意义。建议读者给创建的所有切片指定有意义的名称。

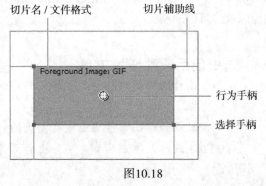

图10.18

Fw **注意**：如果系统中没有安装该文件使用的字体，当 Fireworks 将询问要维持外观还是替换字体时，选择"维持外观"。

---

4. 在属性面板中，双击切片名以选定整个名称，如图 10.19 所示。将当前的切片名（nn_homepage__r1_c1）改为 nn_banner。该名称不包含空格，对切片使用标准 Web 命名规则是个不错的选择：避免使用空格和特殊字符；理想情况下，还应选择大小写规则，并坚持遵守这种规则。为保持整洁和简单，笔者对所有 Web 名称都使用小写。

图10.19

现在，即使不查看文件的缩略图，也很容易获悉该图形是什么以及它将位于网页的什么位置。

Fw	注意：除按钮元件外，切片对象不与其后面的图像相关联，因此如果调整了图像的位置，也需要调整相应切片的位置。

调整切片的大小

如果这是第1次手工创建切片，可能需要微调切片的大小，这没有什么可奇怪的。通过放大视图，很容易看出切片的大小是否与其后面的图像相同。如果需要调整切片的大小，可使用指针工具调整切片的大小，也可在属性面板中输入数值。

在图层面板中查看Web对象

切片和热点属于Web对象。用户创建这两种Web对象时，Fireworks自动将它们放在"网页层"中，而网页层总是位于图层面板的顶部，且即使是空的也不可删除，如图10.20所示。

图10.20

优化包含切片的图像

这个横幅是一系列位图、矢量及文本的集合。下面优化横幅图像。

1. 如果面板组中没有优化面板，选择菜单"窗口">"优化"打开它。

2. 使用快捷键 Ctrl+1（Windows）或 Command+1（Mac）将缩放级别设为 100%。

3. 在工具面板上，单击"隐藏切片和热点"，然后单击"预览"按钮。

4. 在优化面板"保存的设置"下拉菜单上，选择"GIF 接近网页 256 色"

5. 仔细研究 Logo。横幅图像原件上平滑的渐变已被实色色带替换，并不好看，如图 10.21 所示。

GIF 文件一般对渐变效果显示得不好。文档窗口左下角的状态栏上显示"63.80K 10 秒 @56kbps GIF（文档）"。（在自己的系统上，这些文件大小可能稍有不同。）

图10.21

6. 在优化面板"保存的设置"下拉菜单上，选择"JPEG– 较高品质"。JPEG 常常是导出带渐变及颜色范围较宽的图像的较好选项。

横幅图像上的渐变变得平滑多了，且文件大小减少为 32.98K。图像质量提高了，文件大小则变小了。

7. 选择 "2 幅" 视图。

8. 使用指针工具，单击右边的方框。

9. 按住空格键，当光标变成手型时，往左拖曳横幅图像以使其可见。

10. 在优化面板上，修改品质为 60。

文件大小减少为大约 19.23K。但在 100% 的视图下，Logo 的质量明显降低了，甚至文本的质量也降低了。

11. 如果必要，放大视图至 150%，比较横幅文本（原始和预览）。两个方框是同步的，所以用户在任一方框内缩放窗口，另一个也同样受影响。

如果读者在预览视图下仔细研究，会发现文本周围的背景没有原始视图中那么平滑。

此时看到的是 JPEG 设置下的结果。随着文件图像质量的降低，JPEG 的特点愈发明显可见。

这就是一直所说的，在可接受的图像质量和文件大小中取得平衡。19K 非常小，但是横幅质量相当粗糙。

12. 修改品质为 70。文件大小增大为将近 24K，横幅文本也清晰多了。这个值就是文件大小及图像质量之间的一个不错的平衡点。

> **Fw** 提示：JPEG 格式对纯色区域的压缩程度更大，由于文本通常是纯色的，因此文本质量会显著降低。如果设计中包含大文本块或大量文本，有时候可这样提高文本质量，即在优化面板中启用 "选择性品质"，并选择 "保持文本品质"。这里不使用该选项来提高横幅广告中文本的质量，因为这样将增大文件。

添加其他切片

使用切片的优点在于，在同一个设计中可使用不同的文件格式，甚至可指定不同的优化设置。

这让用户能够在单个文档中进行优化，而无需多个独立的图像文件。下面使用另一种方法来添加切片。

1. 切换回原始视图，选择部分选定工具。使用部分选定工具是因为这些图像是组合对象，要对单独的图像添加切片，而不是添加到整个组合对象上。

2. 选择图像 kayak。

3. 在该图像上单击鼠标右键（Windows）或按住 Control 键并单击（Mac），再从上下文菜单中选择 "插入矩形切片"，如图 10.22 所示。也可以这种方式创建热点。

Fireworks 将根据该对象的大小自动添加一个切片，如图 10.23 所示。

图10.22

图10.23

4. 在优化面板上选择设置"JPEG– 较高品质"。

5. 在属性面板中，将切片名改为 img_kayak。

为多个元素创建切片

下面给该设计添加其他所有的切片并设置其格式。首先，读者将使用一种方便的快捷方式来创建其余的切片。

1. 选择部分选定工具。

2. 按住 Shift 键并单击该设计中的其他 3 个图形。

3. 在任何选定的对象上单击鼠标右键（或按住 Control 键并单击）。

4. 从上下文菜单中选择"插入矩形切片"。这次将出现一个确认对话框，询问要根据选定的对象创建一个还是多个切片，如图 10.24 所示。

5. 单击"多重"按钮，将根据这 3 个图像对象分别创建一个切片。它们的优化设置都与前面使用的设置相同，且 Fireworks 自动给它们指定了名称。

图10.24

这次不使用优化面板，而在属性面板中设置基本的优化选项。

6. 在属性面板中，从"切片导出设置"下拉列表中选择"JPEG– 较高品质"。

7. 单击画布以外的地方，取消选择所有切片。

给切片命名

很容易忘记给切片重命名，但这样做确实是个不错的主意，下面给所有的新切片命名。别忘了，可直接在属性面板中修改任何切片的名称。

1. 选择覆盖小湖图片的切片，在属性面板中，将切片名改为 img_lake，如图 10.25 所示。

图10.25

下面采用另一种方法给其他两个切片重命名。

2. 在图层面板中，如果"网页层"没有展开，那么展开它。如果需要腾出更多空间以便展开图层面板，可将优化面板折叠，方法是单击标签名旁边的灰色区域。

3. 选择覆盖狗图像的切片。

4. 在"网页层"中，找到选定的切片。

5. 双击切片名并将其改为 img_dog，如图 10.26 所示。

6. 保存文件。

图10.26

创建热点

可使用各种热点工具在任何切片对象中创建超链接。下面在该设计中添加一个热点，该热点位于切片 nn_banner 内。

在切片内添加热点时，将创建一个图像映射。

1. 选择圆形热点工具（⊛）。

2. 按住 Shift 键，绘制一个环绕 Logo 的原型，如图 10.27 所示。

属性面板将更新以显示该热点的属性，如图 10.28 所示。

3. 在文本框"链接"中输入 http://www.adobepress.com/，在文本框"替代"中输入 Visit the Website，如图 10.28 所示。

图10.27

图10.28

在浏览器中预览该页面或将其作为图像网页上传时，将激活该链接。如果单击该热点，将跳转到输入的 URL。

4. 保存文件。

在浏览器中预览

通过在浏览器中预览，能够测试交互性（变换图像效果和超链接），还能够在浏览器中查看所选择的图像优化设置产生的结果。

1. 打开菜单"文件" > "在浏览器中预览"，并选择一种浏览器，如图 10.29 所示。当然，根据计算机设置，列出的浏览器可能不同。在作者的计算机中，默认（主）浏览器为 Firefox。

图10.29

Fireworks 将启动选定的浏览器并加载该网页设计的临时复制，如图 10.30 所示。

图10.30

2. 单击 Logo 文本。如果有活动的 Internet 连接，浏览器将加载 AdobePress 的首页。

3. 关闭浏览器。

4. 在 Fireworks 中保存文件。

如果设计包含多个页面（第 12 课将介绍该主题），则可使用热点或切片创建从一个页面跳转到另一个页面的链接。

再谈热点工具

Fireworks提供了3种热点工具：矩形热点工具（☐）、圆形热点工具（☐）和多边形热点工具（☐）。按J键可快速访问热点工具。与工具面板中所有的多工具图标一样，如果不断按该快捷键（或在图标上按鼠标左键），将在所有可用的工具之间切换。

矩形热点工具和圆形热点工具的用途是不言自明的，将文件导出为"HTML和图像"时，它们生成的HTML代码非常简单。多边形热点工具用于创建精确的热点形状，它们环绕形状不规则的对象。但这种热点生成的HTML代码非常多，因此最好尽可能少用多边形热点工具。

导出单页的设计

在 Fireworks 中，将视觉概念转换为网页的方法主要有两种：导出为"HTML 和图像"以及导出为"CSS 和图像"。

导出为"HTML 和图像"

选项"HTML 和图像"生成基于表格的 HTML 布局，这在让网页与 Fireworks 设计匹配方面做得非常好。另外，它也可包含超链接和变换图像效果。这些都是好消息。

而坏消息是这种基于表格的布局非常呆板：如果使用诸如 Dreamweaver 等网页编辑器在网页中删除或添加元素，将破坏表格结构和网页布局。默认情况下，设计中的一切都将导出为图像，文本也如此。

从最佳做法的角度看，应尽可能避免在最终网站中使用基于表格且仅有图像的布局，并学习如何使用 CSS 来指定最终网页的布局。

虽然如此，这项功能也有用武之地。很多设计人员使用 Fireworks 的标准 HTML 功能来创建交互式 HTML 原型，以方便客户提供反馈。这非常适合用于测试想法和概念，而无需立刻编写任何 HTML 代码。客户可要求修改设计的视觉效果，设计人员无需编写一行 HTML 代码就能采纳客户的意见——只需在 Fireworks 中更新设计并再次导出文件即可。原型得到客户的批准后，设计人员便可在诸如 Dreamweaver 等网页编辑器中编写最终的网页。

下面来学习这种导出过程。

1. 如果关闭了文件 nn_homepage.fw.png，将其打开。

2. 选择菜单"文件">"导出"，并切换到文件夹 Lesson10。

3. 从下拉列表"导出"中选择"HTML 和图像"。

4. 从下拉列表"HTML"中选择"导出 HTML 文件"，并从下拉列表"切片"中选择"导出切片"。确保选中了如下 3 个选项："包括无切片区域"、"当前页面"和"将图像放入子文件夹"，如图 10.31 所示。

图10.31

5. 单击新建文件夹图标，将新文件夹命名为 webpage。

6. 单击"选项"按钮，再单击"表格"标签。

7. 确保"间距"被设置为"嵌套表格，无间隔符"。这种设计将保持布局不变，而不添加多幅透明的间隔符图像来将所有的内容组合在一起。其他设置都可保留默认值，如图 10.32 所示。

8. 单击"确定"按钮关闭"HTML 设置"对话框，然后单击"保存"（Windows）或"导出"（Mac）创建网页。

9. 在 Windows 资源管理器或 Mac Finder 中切换到文件夹 webpage。

在该文件夹中，包含网页 nn_homepage.htm（如果修改了默认的文件扩展名设置，则为 nn_homepage.html）以及子文件夹 images，如图 10.33（Mac Finder）和图 10.34（Windows）所示。

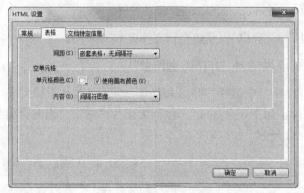

图10.32

图10.33

图10.34

10. 双击该网页在默认浏览器中查看它。

此时页面载入，当光标在按钮上悬停时，出现了图像变换效果。除了布局为左侧调整及页面背景为白色以外，这是一个可供客户预览的很棒的设计样例。

11. 将该网页与 Fireworks PNG 设计进行比较，将发现它们即使不完全相同，也非常相似，如图 10.35 及图 10.36 所示。甚至可以单击前面在 Logo 上创建的热点，这将转到 Adobe Press 的首页。

必须强调一点，这不是最终的 Web 页面。尽管所有内容都符合 Fireworks 的概念，但有太多图像切片，HTML 是严格的、基于表格、仅图像的页面（无任何文本，只有看起来像文本的位图）。圆角矩形容器是实色位图，且不能灵活用于其他页面作容器。但是那种效果完全能使用 CSS3 属性重现出来——大家很快就要学到了。

12. 在主内容区域，尝试选择文本。如果无法选择，那么是因为它们是图形。3 个蓝色标题也是图形。

理想情况下，导出为图像的任何文本都可在 Dreamweaver 中重建为真正的文本，并使用 CSS 指定其样式。

13. 在浏览器中，查看该页面的源代码。（在 Firefox 中，选择菜单"查看">"页面源代码"。）

Fireworks 在文档头（Head）中添加了 JavaScript 函数，在文档体（Body）中调用了这些函数，这旨在实现交换图像效果。读者也可留意一下复杂的表格结构。

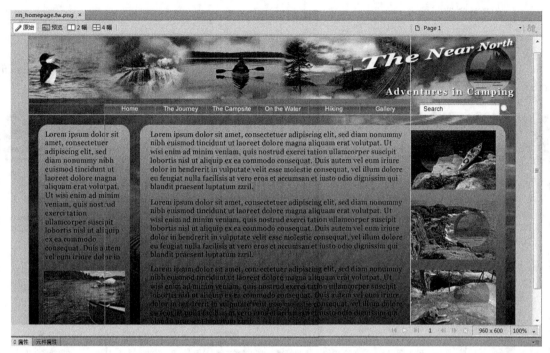

图10.35

图10.36

14. 关闭浏览器。

15. 打开文件夹 webpage\images。

可以看到导出了 33 个图像，其中 12 个是按钮图像，如图 10.37 所示。要让 Fireworks 生成的 HTML 页面能够正确显示，所有这些图像都是必不可少的。

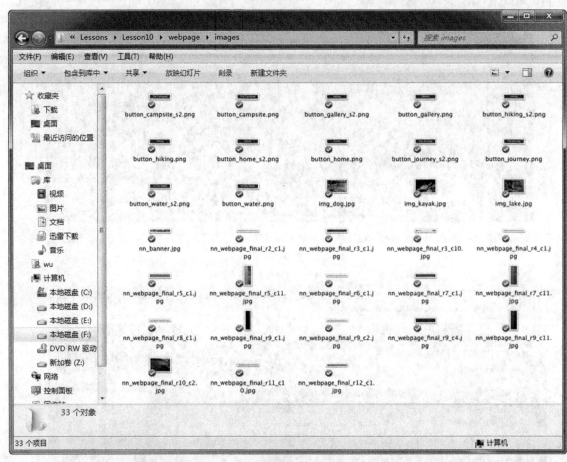

图10.37

实际上，如果使用诸如 Dreamweaver 等网页编辑器创建该网页或从 Fireworks 中导出为 CSS 和图像，将只有 8 幅图像是必不可少的——其中有 3 个图像甚至没有以可用于设计其他页面的格式导出来。必要的图像是以下几种。

- img_kayak.jpg

- image_lake.jpg

- image_dog.jpg

- img_canoe.jpg

- nn_banner.jpg

另外还有这 3 个缺少的图像。

- 背景图像

- 无文本的 Up 按钮

- 无文本的 Over 按钮

从模型的角度看，这种导出很好，因为它向客户展示了网页的外观甚至交互性。但从最终用户的角度看，需要在网页编辑器中创建网页。

16. 返回到 Fireworks，并保存文件。

> | Fw | **提示**：用户可自定义状态的文件名，为此，选择菜单"文件" > "HTML 设置"，然后单击"文档特定信息"标签。要访问该菜单项，必须先在 Fireworks 中打开一个文件。也可在导出文件时单击"选项"按钮，然后单击"文档特定信息"标签。

> | Fw | **提示**：导出包含多个状态的文件中的所有状态时，Fireworks 默认在文件名末尾添加 _s1、_s2 等，包括主状态。这确保不会覆盖其他状态中的图形。用户也可以在导出对话框中创建自定义状态的名称（选择菜单"选项" > "文档特定信息"，并在状态名称下拉菜单中选择"自定义"）。

创建 Sprite Sheet

Fireworks CS6 的一个新功能，是可以将带切片的图形导出为 Sprite Sheet。Sprite Sheet 是包含一系列图形（多是图标或按钮）的一个独立的文件。CSS 可访问 Sprite Sheet，以展示段落圆点或变换图像效果。

用户有两种方式可调用导出为 CSS Sprite Sheet 的选项。

- 选择菜单"文件" > "导出"，并在导出下拉菜单中选择"CSS Sprite"。

- 右键单击其中任一切片，在上下文菜单上选择"导出 CSS Sprite"。

文件 nn_homepage.fw.png 的第 2 个页面被命名为 Sprites，如图 10.38 所示，包含一系列图标。读者将为这些图标添加切片，优化它们，然后导出为 Sprite Sheet。

1. 在页面面板上选择页面 sprites，页面如图 10.39 所示。

图10.38　　　　　　　　　　　　　　　　图10.39

Sprite Sheet是什么？为什么要用它？

Sprite Sheet是一个位图文件，可储存多种小型图形，如按钮背景图像、自定义圆点图形和图标，甚至Logo。此文件与CSS文件结合起来，使Web浏览器能快速载入所有背景图形（请记住，这些图形都是单页面的），然后展示出该位图文件中位于指定像素坐标的图像。

为什么要使用Sprite Sheet？

当用户苦于为包含6、7个以上Sprite图像的Sprite Sheet手工写CSS代码的时候。退一步说，为复杂的Sprite Sheet手工创建CSS是非常乏味的，对Sprite Sheet新手来说大概还挺令人生畏的。在图像编辑器中，必须为每个图像安排好精准的像素位置，还必须记录下这些位置以便稍后手工编写大量CSS类时使用，这样浏览器才能在精准的位置放置每一个图形。

多亏了CSS Sprites导出工作流程，Fireworks使得这个流程轻松、快捷。

在数据和带宽的立场上看，Sprite Sheet中的所有图形都是同时载入的，因为Sprite Sheet只是一个大的图形文件。

浏览器将整个文件加载到缓存中。即是说，浏览器不会持续向服务器发送访问这个或那个文件的请求，这些文件已经全部存到了内存上。这就意味着不需要有任何JavaScript预加载脚本（在旧式图形类按钮变换图像效果中很常见），也意味着图像的显示几乎是即时的。

2. 使用快捷键 Ctrl+A（Windows）或 Command+A（Mac）以选中所有图标。

3. 右键单击任一图标，在上下文菜单中选择"插入矩形切片"。

4. 弹出提示时，选择"多重"，为每个图标添加切片。

5. 在优化面板上，设置导出文件格式为 PNG8，色版为无，透明效果类型为 Alpha 透明度，如图 10.40 所示。

6. 手动修改"颜色"数量为6。

图10.40

7. 单击"重建"按钮以重建调色板。

读者可能不明白为什么是 6 种颜色。其实，技术上只有 5 种颜色，因为其中一个颜色被设置了透明度。除此之外，还有一个"适度"的问题：4 种颜色不够，因为图标边上会有锯齿，而 8 种颜色就正好，但又不必要地增大了文件尺寸。

由于该 Sprite Sheet 文件中仅有的图形就是那些黑白图标，用户可使用最少的颜色。然而，如果彩色的 Logo 也存在 Sprite Sheet 里，大概就得使用 PNG32 格式才能保留 Logo 的渐变填充和透明度了。

8. 在优化面板的选项菜单上，选择"保存设置"，如图 10.41 所示。这可以保存优化设置为预设设置，稍后使用将十分便利。

9. 将新预设设置命名为 bw_icons，如图 10.42 所示。

图10.41   图10.42

10. 在画布外单击。

11. 以图层面板上的对象名逻辑，为各切片命名。先选择一个切片，然后对应它所覆盖的的对象名称。例如，覆盖斧头及木柴图标的切片应被命名为 icon_firewood，覆盖野餐桌的切片应被命名为 icon_home，如图 10.43 所示。

导出 Sprite Sheet

对图标添加了切片及优化之后，下面可以将图标导出为 Sprite Sheet 了。

1. 右键单击（Windows）或按住 Control 键并单击（Mac）任一切片，并选择"导出 CSS Sprite"。

在"导出"对话框中，导出 CSS Sprite 有以下选项可用。

图10.43

- 保存为：指定 Sprite 图像导出后的文件名。

- 导出：选择或修改 CSS Sprite 导出工作流程为其他标准导出选项，如"仅图像"。

- 页面：指定从选定页面 / 所有页面 / 当前页面导出切片。

- 仅所选切片：从一个或多页面导出选中的切片。

- 仅当前状态：仅从页面当前状态上导出切片（该选项仅适用于多状态页面）

- 选项：弹出"导出 CSS Sprite 选项"对话框，包括指定 CSS 选择器类型的选项（类或 ID），前缀、后缀，以及所导出 Sprite 图像的定位（内边距、布局）和文件类型（优化预设）。

2. 在"保存为"输入框上，修改文件名为 nn_sprites。

3. 切换到文件夹 Lesson10，打开读者之前创建的文件夹 webpage。

4. 确保"导出"工作流选择了"CSS Sprite"，如图 10.44 所示。

图10.44

5. 单击"选项"按钮。

6. 确保将 CSS 选择器设置为"类（.）"。

7. 保留对话框上其他选项。另外，单击"优化预设"菜单，在菜单底部看到读者先前创建的自定义优化预设，bw_icon，选择该预设。如图 10.45 所示。

8. 单击"确定"按钮。

9. 单击"导出"按钮。

图10.45

Fw 注意：主页及其他共享图层上的切片在导出 Sprite 图像时，不会被导出多次。

用户在 Windows 上打开资源管理器，或在 Mac 上打开 Finder 并切换到文件夹 webpage，可以看到 Fireworks 生成了一个 CSS 文件和一个 PNG 文件。CSS 文件为导出的 Sprite 图像中的子图指定显示属性值。在 Web 页面编辑器或文本编辑器中随意打开 CSS 文件查看。Sprite 图形最终尺寸只稍大于 1.5k。

Fw 提示：如果用户创建了自定义优化设置，可保存以供未来使用。只需在优化面板菜单上选择"保存设置"即可。

Fireworks 与 CSS

CSS（级联样式表）是当前网页设计标准，Fireworks 在这方面也有能为用户提供帮助的导出工作流程："CSS 及图像"导出工作流程及 CSS 属性面板。

CSS 及图像导出

市面上有不少介绍 CSS 及其用法的图书，本书无意加入它们。本书并不要求读者使用"CSS 及图像"导出工作流程，但要给读者提供一些建议及背景信息，阐述"CSS 和图像"导出功能背后的逻辑。

稍后，读者将使用 CSS 属性面板，以创建可用于任何设计布局的指定 CSS 规则对象。

"CSS 及图像"导出选项会为用户的当前设计创建一个基于 HTML 及 CSS 的布局。下面是一些需要牢记的说明。

- 设计中的对象及切片切勿重叠，否则将比意料中更有挑战性。

- Fireworks 会创建一个 CSS 文件及一个 HTML 文件为完整页面布局，因此会使用用户不常用的传统命名方式及布局方案，但它们仍是有效的 HTML 及 CSS。

- 本导出工作流程并不意味着，读者无需学习和理解如何在网页布局中使用 CSS。这只是提供了一个起点，让用户能够在 Fireworks 中生成更有用的网页。

- 通常，使用这种方法导出文件后，可能想在网页编辑器中进行定制。

如果打算导出基于 CSS 的布局，下面是一些需要牢记的设计概念。

- 保持简单。如果切片相互重叠，将导致 Fireworks 导出绝对定位的完整布局。虽然生成的 HTML 和 CSS 有效，但生成基于绝对定位的布局通常不是一种好的做法。被设定了绝对 x、y 坐标的元素将在页面流动时被隔离，还会被其他页面元素所 "无视"。

Fw | 提示：要查看关于使用 "CSS 及图像" 工作流导出设计的更详细教程，请在 Adobe Developer Connection 站点查阅 Dave Hogue 的文章：http://www.adobe. com/devnet/dreamweaver/articles/turning_design_into_html_and_css_pt1.html。

- 只导出文本、矩形和图像切片。导出为 CSS 和图像时，必须给希望成为网页一部分的图像创建切片；而对于要保留为真正的 HTML 文本的文本，不应为其创建切片。Fireworks 将根据它在设计中找到的切片、矩形和文本创建一个 HTML 网页，并使用 DIV 标签来包含文本和图像。还将创建一个级联样式表，用于指定 DIV 的位置和文本的样式。

- 文本、矩形和图像切片都被视为矩形块。导出器（也叫导出引擎）检查文本块的大小（是实际定界框的大小，而不是文本本身的高度和宽度）、矩形的大小和切片的大小，以便在元素之间提供合适的间距。它还根据设计元素在文件中的位置确定元素的逻辑行和列。

文本块可能有一定的欺骗性，因为定义文本块的矩形区域可能比文本大得多，从而导致两个对象彼此重叠。

- 导出器必须能够解释对象所处的行和列。即使没有使用表格来指定布局，也应以这种网格方式思考，让导出引擎能够轻松地确定逻辑容器（如页眉、旁注、主内容区域和页脚）的位置。

- 使用矩形来创建包含对象的 Div。如果用户在元素周围绘制矩形，Fireworks 在最终的 CSS 布局中，将该矩形内的对象位于独立的 Div 容器内。

Div标签是什么

HTML Div标签用于定义文档的一部分，它是网页中其他元素的容器。通过使用 Div标签，可将HTML元素编组，并使用CSS设置其格式。例如，可将页眉部分、导航部分和主内容部分放在不同的Div中。随着HTML的日益流行，许多HTML5新元素在语义的使用上渐渐替代了Div标签。例如，HTML5有诸如<footer>、<nav>、<article>、<section>和<aside>之类的标签元素。Fireworks本地是无法理解这些元素的。

Div标签目前仍被用于以演示为目的的设计中。例如，当用户想要将元素组合起来作为一个设计时，就会选择Div标签。Div标签只是一个容器，并无语义上的意义。Fireworks根据布局将文本和图像放在Div标签中，这就是以CSS和图像格式导出时，设计元素的位置至关重要的原因。要让Fireworks能够使用其CSS布局引擎布置网页，切片之间不能相互重叠，文本区域也不能与切片重叠，这很重要。

Fireworks 发现彼此重叠的内容时，将显示一条警告消息，指出第一次出现重叠的位置，并切换到"绝对定位"模式。这种模式也是基于 CSS 的，但 Fireworks 将每个对象放在浏览器窗口的特定位置，即元素在网页中的位置是固定的。如果您以后在网页编辑器中添加文本、使用内容管理系统添加其他内容或增大文本以方便阅读，原有的元素将不会为容纳新增的内容而移动。

"CSS 和图像"导出功能不导出应用了变换图像效果的图像和热点信息。前景图像的链接将保留，但 Fireworks 将显示一条警告消息以指出这一点。必须在网页编辑器中添加图像映射或 JavaScript 行为，优点是将有机会练习创建基于 CSS 的图像变换效果。

> **Fw** | 注意：有关 CSS 导出功能的更详细信息，可以查阅 Adobe Fireworks DeveloperCenter，其网址为 www.adobe.com/devnet/fireworks/。

使用 CSS 属性面板

一直以来，在 Fireworks 或其他制图软件中创建可视元素，都会在导出所有可视效果为位图图形结束设计。读者已经见过，可应用优化技巧，但不管文件多小，每个位图还是会有一定大小。CSS 属性面板通过提取选中对象的 CSS 属性，可为某些图像类型消除带宽的消耗，如实心、渐变或半透明填充的圆角矩形和圆形等。同样，Fireworks 还可提取如投影、变换，甚至字体等属性。

CSS 属性面板非常便捷好用，尤其当用户熟悉 Fireworks 和 Dreamweaver（或用户使用的其他 Web 页面编辑器），想为移动站点做部署，或是想要为传统网站减低带宽消耗时，尤为如此。可视化设计师的 Web 页面设计通常会从 Fireworks 之类的设计工具开始，接着将设计文件移交给 Web 设计师或自己处理 Web 页面。CSS3 升级了功能并提高了浏览器兼容性，许多设计外观角度可以以纯 CSS 来完成，而无需图像，如示例 Web 页面上的圆角矩形。CSS 属性的扩展功能简化了为某些元素进行繁杂的 CSS 代码手工编写过程。Fireworks 中能以 CSS 表示的设计属性，现在能使用 CSS 属性面板提取出来，这就不必要求用户精通指定浏览器的 CSS 属性。

下面读者将学习如何使用 CSS 属性面板，但笔者不会详细探讨 CSS（级联样式表）。

> **Fw** | 注意：要了解更多有关 CSS 的信息，可以查阅 Adobe Fireworks DevNetCenter，其网址为 http://www.adobe.com/devnet/dreamweaver/css.html。

CSS 属性面板简介

面板分为两个部分，如图 10.46 所示。上部分列出形状或文本的所有能转化为 CSS 的属性，且显示特殊的 CSS 属性及值。用户可单击标题"属性"或"值"，以根据属性或值的首字母，按字母表的升降序排列。也可在该部分中选中单独的属性，并使用"所选项目"按钮复制这些声明至剪贴板。要选择非邻接的属性，可按住 Ctrl 键（Windows）或 Command 键（Mac）并选择。

下部分展示的是 Fireworks 为 CSS 写的声明。用户可上下滚动该列表，甚至可以选择及复制指定的声明。如果想要复制选中对象的所有属性，单击"全部"按钮即可。这时，面板只能一次提取一个对象的属性。只要用户修改

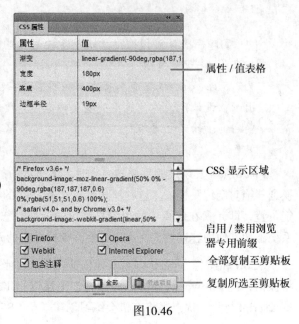

图10.46

了选中形状的属性，或选中了画布上的其他对象，面板都会自动刷新显示新的属性。

提取 CSS 属性

下面通过提取边栏圆角矩形的声明，以尝试使用 CSS 属性面板。然后使用 Dreamweaver 创建一个简单的 Web 页面，看提取的声明是否能正常应用。

1. 回到页面 01。

2. 如果图层 content 被锁定，要解除锁定。

3. 使用指针工具选择边栏圆角矩形。

4. 选择菜单"窗口" > "CSS 属性"。CSS 属性面板弹出，并快速刷新显示矩形的 CSS 属性，其中甚至包括重建渐变所需的标记。

5. 使用光标拖曳面板，加大其宽度，以显示渐变属性值的全部内容，如图 10.47 所示。

在设计中，能看到一个很常用的技巧，即设置容器的透明度。当前的容器是不透明的，用户可快速修改它。

6. 在属性面板上，设置不透明度为 60，如

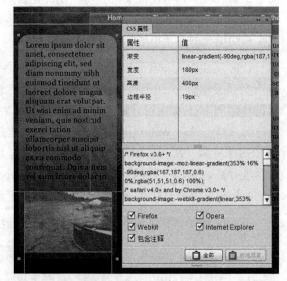

图10.47

图 10.48 所示。

CSS 属性面板随之刷新，将渐变的值改为 RGBA 值，如图 10.49 所示。更值得一提的是，Fireworks 为 Safari、Firefox、Chrome、Opera、IE10 提供了浏览器专用的声明，还为其他版本的 IE 提供转换器。想象一下，如果这些都要手动完成的话工作量会相当大。

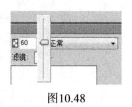

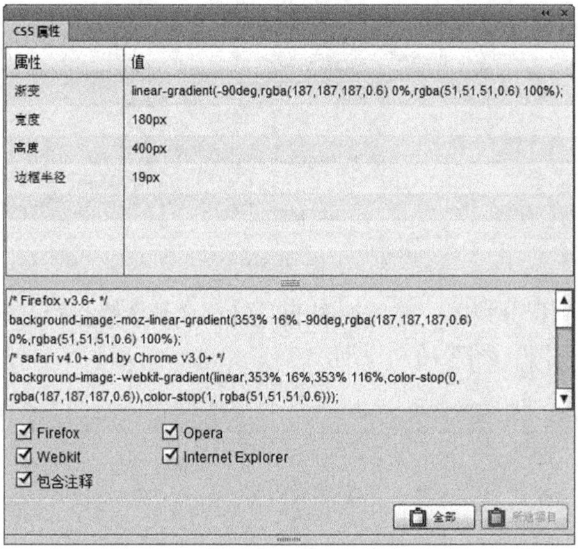

图10.48

图10.49

7. 单击"全部"按钮。Fireworks 复制 CSS 规则至剪贴板。

在 Dreamweaver 中创建 CSS 规则对象

现在，CSS 规则对象被复制到了剪贴板，读者需要在某个地方粘贴它们。下面是使用 Dreamweaver CS6 且假定用户对 Dreamweaver 界面有一定认识情况下的步骤。当然，用户也可以使用自己喜欢的 Web 页面编辑器来做这个练习。

1. 打开 Dreamweaver。由于不会有任何图像或内部链接，所以本练习不需要站点定义。如果是实际的网站制作，则需要站点定义。

要了解创建站点定义的内容，请查阅 Dreamweaver 帮助文档，可在 Dreamweaver 中菜单"帮助" > "Dreamweaver 帮助"找到。

2. 选择菜单"文件" > "新建"，在"新建文档"对话框上，选择空白页、HTML（页面类型）以及在布局栏选择"无"。

3. 设置文档类型为 HTML5，并单击"创建"按钮，如图 10.50 所示。

4. 页面打开后，保存为 CSS3_basic.html。

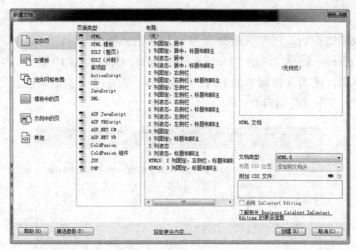

图10.50

5. 如果必要，切换到拆分视图。在该视图下，用户可在文档左栏看到代码标记，在右侧看到设计视图或实时视图，如图 10.51 所示。

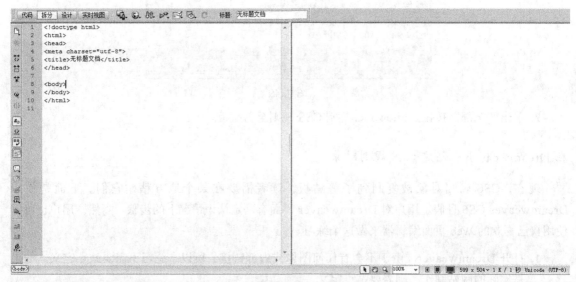

图10.51

6. 选择菜单"插入" > "布局对象" > "Div 标签"，如图 10.52 所示。

7. 设置新 Div 标签的类为 sidebar，并单击"新建 CSS 规则"按钮，如图 10.53 所示。

8. "新建 CSS 规则"对话框弹出时，确保规则定义位置设为"仅限该文档"，然后单击"确定"按钮，如图 10.54 所示。

9. "CSS 规则定义"对话框弹出时，只需单击"确定"按钮即可，如图 10.55 所示。记住，规则还在剪贴板，等着被粘贴。

图10.52

图10.53

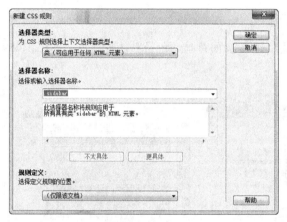

图10.54

图10.55

10. "插入 Div 标签"对话框弹出时，单击"确定"按钮，如图 10.56 所示，以将 DIV 标签放置到 HTML 标记中。

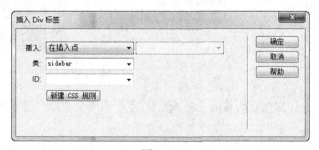

图10.56

11. 在代码方框中，找到文档的标题，可看到 sidebar 类的空白 CSS 规则，如图 10.57 所示。

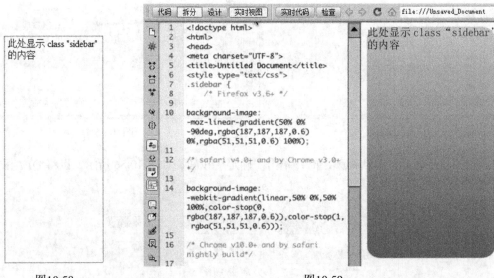

```
1  <!DOCTYPE html>
2  <html>
3  <head>
4  <meta charset=utf-8" />
5  <title>无标题文档</title>
6  <style type="text/css">
7  .sidebar {
8      |
9  }
10 </style>
11 </head>
```

此处显示 class "sidebar" 的内容

图10.57

12. 将光标放置在该 CSS 规则的大括号之间并单击，并使用快捷键 Ctrl+V（Windows）或 Command+V（Mac）。

13. 结果并没有立刻变得特别美观，因为 Dreamweaver 的设计视图不能呈现太多 CSS3 属性，如图 10.58 所示。

14. 打开实时视图。

矩形出现了，线性渐变属性、圆角也都出现了。

透明度也显示了出来，但并不特别明显，因为 Web 页面背景颜色是默认的白色，如图 10.59 所示。

图10.58

图10.59

15. 在代码面板上，仔细查看所有的 CSS 标记。还好不用全都都自己手动来写。

16. 保存并关闭文件。

CSS 属性面板具有灵活性，可在矢量设计对象或文本上提取 CSS 属性，且可以为用户想要创建的效果生成特定的 CSS 规则，包括如本练习中出现的，所需的所有常见浏览器专用的标记。

读者已经将文件处理完了，看到最终结果，接下来可以编辑属性了。回到 Fireworks，编辑圆角矩形的可视属性，然后刷新 CSS 属性面板，再次复制它们，然后以更新的样式替换旧样式即可。这与反复测试、修修补补 CSS 代码相比，能节省大量时间。当然，如果用户愿意，绝对可以在 Dreamweaver 中直接对 CSS 进行修改。

在Fireworks中添加文本样式

　　要是矩形中的文本颜色太深不易于阅读，或不在理想的位置上，该怎么办呢？在Dreamweaver中创建专门控制颜色、边距、文本角度的CSS类可以解决这些问题。但是，就如先前对示例文件的圆形所作的修改那样，如果读者愿意，也可以使用Fireworks实现这个效果。

　　就像平时创建模型、设置字体颜色、字体大小、字体系列、投影和角度时那样，添加文字到Fireworks。CSS属性面板会刷新，单击"全部"按钮即可生成该文本效果所需的CSS规则对象。步骤很简单，仅仅是"设计">"复制">"粘贴"。

　　仔细研究一下文件css_basic_final.html的标记，看看文本如何被放置到Div标签内指定的位置。

　　如果用户使用的是非标准字体，Fireworks甚至还为该字体提供@font-face属性。但是要注意，用户得有权限上传自定义字体至Web目录才行。@font-face属性并不是默许用户使用Web目录下的任意字体。

　　使用来自网络的字体时，记住要遵守版权规定。另外还要记住，哪怕是付费买下的字体也未必包含可上传字体至网络的权限。可在Font Squirrel上查找免费的公共字体，其网址是：http://www.fontsquirrel.com，也可在Adobe Typrkit服务网站上寻找商用字体，其网址是：https://typekit.com/。

　　某些特定的CSS属性，如文本位置，可能需要在Dreamweaver中添加或进行扭曲。编写这本书的时候，CSS属性面板正在将文本大小转换为像素，而不是按百分比或ems转换。不过，也需要注意这点，现在这个问题在Web页面编辑器中很容易修复。字偶距和字间距暂时还不会被转换成CSS中的字母空格。不过，这也很容易在代码上修复。

Fw | 提示：用户也可以保存页面并在本地 Web 浏览器上预览结果，或连接到 Adobe BrowserLabs，以便在用户本地没有安装的浏览器上预览页面。

Fw | 注意：CSS3 不能完美支持或完全不支持 IE8 及更低版本的 IE 浏览器，所以即使有 IE 转换器，页面在该类浏览器上可能会异常显示。

注意：牢记，Fireworks 首先是一个设计工具，而 CSS 属性面板只是用来推动用户更快熟悉诸如 Dreamweaver 之类的真实 Web 页面编辑环境而已。

 提示：要更详细地了解哪些字体可安全地用于 Web，可以参阅 Code Styles 发起的最常用字体调查结果，其网址为 www.codestyle.org/css/font-family/sampler-CombinedResults.shtml。

复习

复习题

1. 为何要对用于 Web 的图像进行优化？

2. 在 Fireworks 中，可创建哪两种类型的 Web 对象？它们有何不同？

3. 在 Fireworks 中，有哪些生成网页的主要方法？

4. 什么是 CSS 属性面板？如何使用它？

复习题答案

1. 通过优化图形，可确保它们使用了合适的格式，并在文件大小、颜色、文件压缩率和品质之间进行正确的折衷。您将在确保图像品质可接受的情况下，尽可能缩小文件以便能够快速下载它们。在 Fireworks 中，优化图形包括为图形选择最佳的文件格式以及设置随格式而异的选项，如颜色深度和品质等级。

2. 在 Fireworks 中，可创建的两种主要的 Web 对象是切片和热点。这两种 Web 对象都可与 URL 相关联以实现交互性。

切片让您能够将大型设计分割成小块，再分别对每个切片进行优化以获得最佳的文件大小和图像品质组合。切片还可用于生成变换图像效果。

热点在图像中创建一个交互性区域，它们不像切片那样分割图像。热点常用于创建图像映射——将多个超链接应用于同一幅图像的不同区域。热点还可用于在网页上触发变换图像事件。

3. 有下面两种导出 HTML 页面的主要方法。

• 选择菜单"文件">"导出"，并从"导出"下拉列表中选择"HTML 和图像"。

这将导出呆板的基于表格的网页，它完全由图形组成，即使文本也被导出为图形。以这种方式创建的网页将难以编辑，因为使用网页编辑器删除或添加元素将破坏布局。然而，这种导出非常适合用于创建网页或网站的交互式原型。虽然不适合用于创建最终的网站，但 HTML 网页可向客户展示网站是什么样的，它还支持变换图像效果和超链接，从而让客户能够同原型交互，进而提出修改意见或批准设计，而设计人员在此之前无需做任何编码工作。

• 选择菜单"文件">"导出"，并从"导出"下拉列表中选择"CSS 和图像"。

这种导出方法使用级联样式表而不是表格来创建布局，从而生成基于标准的可编辑网页。另外，这种导出方法能够识别文本，并将其导出为真正的 HTML 文本。如果拥有一定的 CSS 知识，将更容易在网页编辑器对这种网页进行编辑，且添加新元素时也更为灵活。

4. CSS 属性面板能为选中的矢量形状对象或文本块生成 CSS3 标准的标记。该标记可被复制到剪贴板，并通过 Web 页面编辑器或文本编辑器粘贴到新建的或已存在的 CSS 规则对象中。首先选中矢量或文本对象。打开 CSS 属性面板，然后复制面板上提取到的所有 CSS 标记（或选中用户所需要的声明），稍后通过 Dreamweaver 或用户使用的 HTML 编辑器，粘贴到 CSS 规则中。

第11课 原型基础

课程概述

凭借其排版功能（如智能辅助线和工具提示）、新元件库以及在矢量编辑和位图编辑之间平滑切换的能力，Fireworks 成为一款创建原型的理想应用程序。

在本课中，读者将学习如下内容：

· 创建多页面模型；

· 在多个页面间共享图层；

· 使用模板中的素材；

· 添加手势元件；

· 在 Web 浏览器中预览模型设计；

· 导出为安全的交互性 PDF 文件。

 学习本课需要大约 60 分钟。如果还没有将文件夹 Lesson11 复制到硬盘中为本书创建的 Lessons 文件夹中，那么现在就要复制。在学习本课的过程中，会覆盖初始文件；如果需要恢复初始文件，只需从配套光盘中再次复制它们即可。

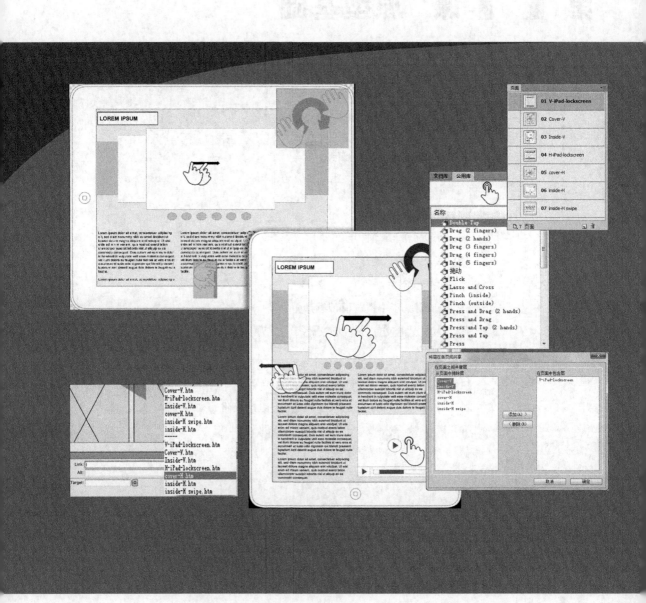

　　Fireworks是一种图形化工具，支持大量可用于快速创建原型的功能，如页面面板、交互式网页层和组件元件，这使其成为一款创建原型以测试交互性并找出界面或页面设计问题的理想应用程序。

创建原型的工作流程

网页设计、游戏设计和移动应用程序设计项目都将因采用某种原型工作流程而受益。创建原型是一种好方法，可保持设计的一致性，最大限度地减少项目范围蠕变（Project Creep）并在编写代码前测试功能和设计理念。

典型的原型工作流程应包括：

- 创建项目概念（网站、移动应用程序、游戏等）；

- 创建模型以设计应用程序的布局和功能；

- 创建逼真的原型以解决项目的美学问题；

- 生成交互式原型以验证概念和 / 或测试可用性；

- 得到批准后创建最终的项目。

当然，现实可没有这么简单。在项目进入原型阶段前，可能需要多个模型和众多设计概念。

在本课中，读者将跳过第 1 个阶段及第 2 阶段的前部分，因为笔者决定将这个模型项目设置为如此。这个项目是一个平板应用程序的模型，具体是一个 DPS 交互性杂志 APP。这个应用将基于前面课程读者处理过的 Near North 站点来创建。读者下面要创建这个模型并添加交互。

 注意：模型是最终项目的简化表示，模型很容易创建且它在完成使命后可丢弃。模型旨在描述应用程序的功能、流程和通用布局，而不重点考虑它是否美观。

熟悉页面面板

在第 2 课中，读者学习了页面功能的基础知识，并在简单模型中添加了内容，同时知道页面是 Fireworks 中重要的原型功能。可在单个 Fireworks 文件中创建多个页面，因此页面非常适合用于创建丰富、逼真的多页面模型。通过使用多个页面，可同时生成一系列设计概念、创建整个网站模型或应用程序设计，这简化了跟踪项目资源的工作。

页面面板是控制中心，可用于添加、复制、删除和重命名页面，如图 11.1 所示。

Fireworks 自动给文档中的每个页面指定了一个序列号，可使用页面面板菜单来显示或隐藏这些序列号。像图层和对象一样，用户可双击页面名以重命名页面。如果在设计使用了用于放置公用页面元素的主页，那么它将出现在页面面板顶部。

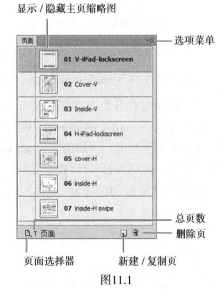

图11.1

分离页面面板

默认情况下，页面面板与图层面板和状态面板位于同一个面板组中，但笔者发现将其放在独立的面板组中将更有用。下面就这样做。

1. 打开页面面板（选择菜单"窗口">"页面"）。

2. 在标签"页面"上按住鼠标左键，并拖曳到任何两个面板组之间，如图 11.2 所示。

3. 出现蓝色线条且面板的不透明度降低后松开鼠标，页面面板将位于一个独立的面板组中。

图11.2

主页

主页并非必不可少的，但很有用。如果有用于所有页面的可视化元素或 Web 对象，且它们在不同页面中位于相同位置，则可使用主页。每个页面的大小可能不同，因此最好只在主页中包含位于设计顶部的元素或将其用于提供相同的画布颜色。如果确定页面的大小不会变化，也可在主页中包含通用的背景图像和页脚信息，但需要牢记的是，如果缩短或加长某个页面，这些信息可能不再位于正确的位置。

每个 Fireworks 设计都只能包含一个主页。

在本课的模型中，读者最终将展示平板电脑的水平及垂直方向视图，所以并不需要主页。

比较各个页面

模型本质上是简单图表，其重点是功能而不是美学。

1. 打开文件 wireframe_final.fw.png。

2. 选择页面 V-ipad-lockscreen，如图 11.3 所示。

该页面包含 3 个主图层和一个网页层，还有一个表示水平方向的页面 H-ipad-lockscreen。网页层包含的 Web 对象叫热点，作创建交互性之用。顶层的图层 gestures 包含表示平板手势的元件，第 2 个图层 lock 包含代表锁屏的对象，底层的图层 iPad 包含组成 iPad 轮廓图的对象。图层 iPad 被共享至模型里的其他两个垂直页面。

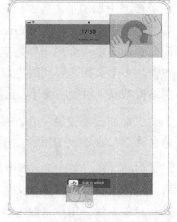

图11.3

在图层面板上，图层 iPad 右侧有一个小页面图标，表示该图层被共享至本设计的其他页面。这是又一个省时的功能。

3. 选择页面 cover_V。

画布上都是简单的形状，基本上都转化成了元件，以方便创建更多模型页面。模型对所有对象使用了灰色，搁置了对最终设计方案中色彩方面的设置。

这样，客户就不会专注于颜色、色调或饱和度，而是专注于该模型设计概念的功能上。该页面包含网页层及 3 个主图层，其中有共享的图层 iPad，如图 11.4 所示。

4. 选择页面 inside-V。

5. 展开图层面板。

在触摸型的应用程序模型中，展示用户如何与应用互动是很重要的。Fireworks 的公用库里有一个库的手势元件，包括平板设备、智能手机或其他触摸屏设备上能用的大部分手势，如图 11.5 所示。

6. 切换到页面 inside-H，注意到画布上的元素都重新编排以吻合水平方向的布局。注意到有一个表示向下滑动的新手势元件，如图 11.6 所示。

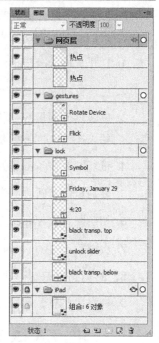

图11.4

图11.5

图11.6

添加页面

要在设计中添加页面，最方便的方法如下：如果要添加的页面与现有页面相似，创建现有页面的副本；如果没有相似的页面，则创建标准的新页面。下面在该模型中添加最后一个页面，并结合使用各种技巧来添加内容。

1. 打开文件 wireframe_start.fw.png。

2. 选择页面 V-ipad-lockscreen。

3. 单击页面面板底部的"新建／复制页"按钮，如图 11.7 所示。不要将页面 restaurants 拖放到该按钮上，不需要复制该页。

4. 重复第 3 步，创建另一个垂直视图页面。

图11.7

5. 分别重命名新页面为 Cover-V 和 Inside-V。

6. 切换回页面 V-ipad-lockscreen，在图层面板上，选择图层 iPad。

7. 右键单击（Windows）或按住 Ctrl 键并单击（Mac）图层，以打开上下文菜单，如图 11.8 所示。

8. 选择"将层在各页间共享"，打开"将层在各页间共享"对话框。

9. 在左边栏里，选择 Cover-V 和 Inside-V，单击"添加"按钮，如图 11.9 所示。

图11.8

图11.9

10. 单击"确定"按钮，回到文档。

11. 选中其中一个新页面。注意到 Fireworks 为两个页面都添加了 iPad 轮廓图。

现在读者需要确保新页面上的新对象可见，且没有其他对象被添加到共享的图层 iPad。

12. 在图层面板上，将两个页面的图层 iPad 都拖曳到堆叠顺序的最底层。空白的层 1 应该在图层堆叠顺序的顶层。

13. 锁定图层 iPad。由于该图层是共享图层，读者只需要锁定一次即可在所有共享页面上锁定。

14. 保存工作成果。

修改 Fireworks 首选参数

接下来要模型添加一些图形元素之类的实质内容了。但是在添加元素之前，读者需要修改 Fireworks 的一个默认参数。在下一个练习中，读者要缩放大量矢量对象，所以要确保不会无意对诸如笔触宽度之类的矢量元素进行缩放。

在本节中，将完成一些细致的工作，因此首先需要修改一个 Fireworks 首选参数。

1. 选择菜单"编辑"＞"首选参数"（Windows）或"Fireworks"＞"首选参数"（Mac）。

2. 在类别"常规"中，禁用"缩放笔触和效果"按钮，如图 11.10 所示，然后单击"确定"按钮。

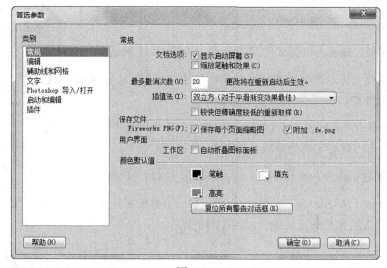

图11.10

读者可以看到，首选参数面板上有许多设置。这些设置是通用的，影响所有 Fireworks 文档。

Fw 注意：想知道笔者是如何得到 iPad 轮廓图的吗？Fireworks CS6 自带了 iPad 元件和模型模板。要使用 iPad 模板，选择菜单"文件"＞"通过模板新建"，并切换到文件夹 Wireframes，找到文件 iPad Sketch。这将打开一个广泛而详细的模板，包含大量矢量格式的 iOS 系统 UI 元素。要使用单独的元件，在公用库中找到文件夹 wireframe-iPad，深度挖掘找到元件 iPad Frame-white。在示例文件里，因为不需要所有对象都在一个元件里，笔者只从 iPad 模板上复制了 iPad 边框。

添加模型元素到应用封面

读者已经学过了如何创建图形元件，在这一课中，笔者已经提前创建了两个自定义元件：一个占位图和一个占位标题。在文档库中，还可以找到 iPad 模板自带的其他元件。

1. 切换到页面 Cover-V。

2. 选择层 1，重命名为 gestures。

3. 创建新图层，命名为 layout。

图层 gestures 应在图层堆叠顺序最顶层。

4. 在页面 Inside-V 中，以同样的层次创建同样的图层。尽管共用图层名称，但它们在各页面上分别使用不同的内容，所以不能共享图层到页面。

5. 切换回页面 Cover-V。

6. 锁定图层 gestures，选择图层 layout。

7. 在文档库中，拖曳占位图元件到画布上，如图 11.11 所示。

8. 在属性面板上，分别设置宽、高为 740 和 310，设置 x、y 坐标值为 124 和 130。

9. 按住 Alt 键（Windows）或 Option 键（Mac），并使用指针工具拖曳出一个占位图实例的复制，如图 11.12 所示。

10. 分别设置宽、高为 360 和 670，x、y 坐标值为 124 和 460。

11. 按住 Alt 键（Windows）或 Option 键（Mac）并拖曳这个形状，利用智能辅助线对齐右侧边缘至上方的水平图像边缘，如图 11.13 所示。

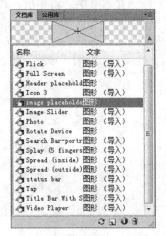

图11.11

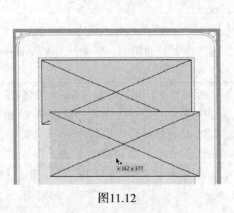

图11.12

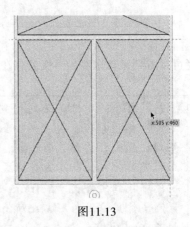

图11.13

12. 在文档库中，拖曳占位标题到画布上 x、y 坐标值为 130 和 140 的位置。

13. 还是在文档库里，拖曳 Audio 元件到画布上。

14. 使用缩放工具将实例调整至宽度为 360 像素，并在属性面板上设置不透明度为 50%。

15. 将实例对齐到画布正中。

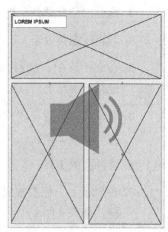

这个半透明的图标代表背景声，将在页面 cover 载入时播放。因为不能在 Fireworks 文档中添加声音，所以添加声音图标以代表有声音效果是个不错的主意，就如"播放"图标常用于表示视频。

16. 在离开该图层之前，将 3 个占位图对象命名为 imageplaceholder horizontal、image placeholder vertical left 和 imageplaceholder vertical。

> **Fw** │ **注意：** 在公用库文件夹"二维对象"中可找到 Audio 元件。

添加手势元件

为表示触摸交互效果，下面添加表示滑动手势的元件。

1. 锁定图层 layout，取消锁定图层 gestures。

2. 在文档库中，拖动 Flick 元件到画布上。

3. 使用缩放工具，调整该实例至宽度大约为 270 像素。

4. 将手势对象放到画布上，使其位于模型右侧的 iPad 屏幕边框上，如图 11.14 所示。位置不要求精确。

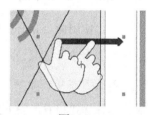

5. 在属性面板上，设置不透明度为 70，可穿透元件看到背景屏幕。

虽然不是必要，但笔者认为可以，在模型上展示出从一屏到另一屏的过渡效果是一个妙招。

图11.14

> **Fw** │ **注意：** 记住，很多元件存在文档库是因为它们在当前文件的别处被使用了。如果读者找不到某一个手势元件，或想使用别的手势元件，可在公用库的文件夹"手势"中查看。

创建内页布局

1. 切换到页面 Inside-V。

2. 锁定图层 gestures。

3. 拖曳占位标题到平板屏幕的左上部分。

4. 调整标题位置至 x、y 坐标值为 130 和 140。

5. 在文档库中，找到 Image Slider 元件并拖曳其至画布上。

6. 调整实例位置至占位标题下方 x、y 坐标值为 110 和 210 处。

7. 选择缩放工具。

8. 在画布上，往右拖曳实例右下角的控制手柄，如图 11.15 所示。当缩放方框边缘与 iPad 右边框内线对齐时，松开鼠标。最终宽度应为 770 像素。如果有 1、2 个像素的细微差别，可在属性面板上的宽度栏调整。

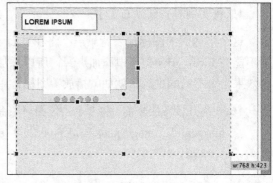

图11.15

Fw | **注意**：用户也可在公用库的文件夹 Wireframe 里找到 Image Slider 元件。

Fw | **提示**：用户也可以使用快捷键 Ctrl+T（Windows）或 Command+T（Mac）选择缩放工具。

添加文本到页面布局

下面使用命令 Lorem Ipsum，以添加文本。

1. 选择文本工具。

2. 选择菜单"命令" > "文本" > "Lorem Ipsum"。

字体样式很有可能不是你理想的。

3. 文本块仍处于活动状态，在属性面板上设置如下字体属性。

字体系列：Arial

字体样式：Regular

字体大小：14

字体颜色：黑色

4. 在文本块里单击 3 次，以选中整个段落，复制选中的文本。

5. 取消选中文本，保留文本编辑模式。

6. 将光标移到文本段落最后，按 Enter 键以开始新的文本行，把复制的文本粘贴下来。

7. 按 Enter 键，再次粘贴文本。

8. 选择指针工具。

9. 在属性面板上，修改段后空格值为图 11.16 所示。此时段落之间互相有了间隔。

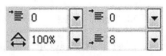

图11.16

10. 在属性面板上设置文本块的宽度为 350，设置 x、y 坐标值为 134 和 650。

11. 文本块会占到 iPad 边框的出血位，在文本块里双击，删除必要的文本，确保文本栏在 iPad 模型之内，如图 11.17 所示。

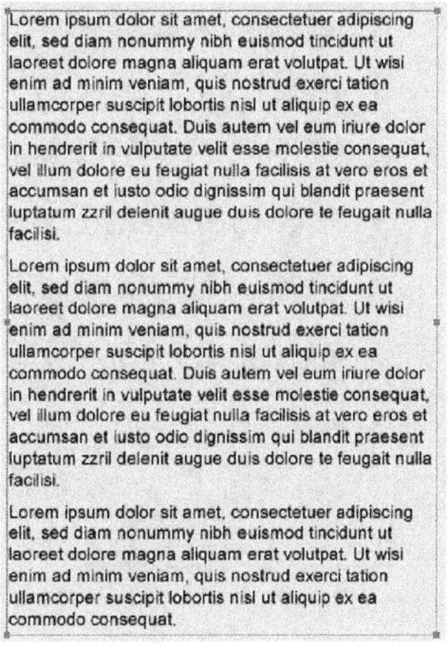

12. 在文本块外单击以取消选择它，然后创建另一段 Lorem Ipsum 文本。将文本块宽度设为 350，并将其置于屏幕靠右侧处，与第 1 个文本块顶部对齐，如图 11.18 所示。

13. 选中两个文本块。在对齐面板上，设置水平距离相同数值为 20，并应用它。

14. 两个文本块仍处于活动状态，如果必要，使用指针工具和智能辅助线对齐两个文本块，使其两端都居中。

15. 在文档库中拖曳 Video Player 元件，放置到第 2 个文本栏下方。

16. 放大 Video Player 元件以吻合文本块的宽度，如图 11.19 所示。

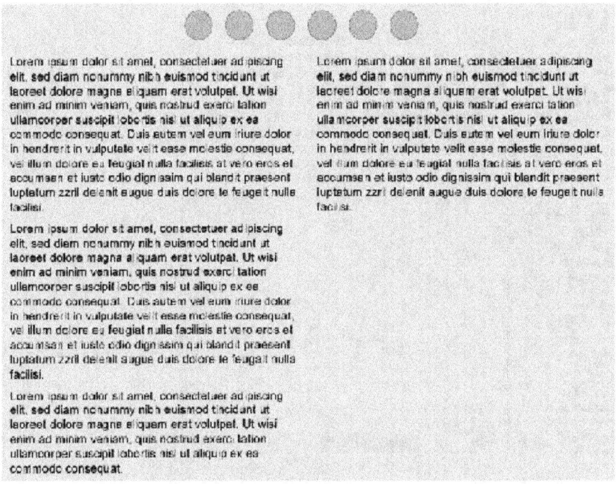

图11.17

图11.18

图11.19

Fw 注意：尽管本模型使用了为这个项目创建的自定义元件，但读者也可以使用矢量工具随意创建自定义形状，或利用第 10 课学到的知识创建自定义元件。

添加手势元件

本页面需要 3 个手势：两个滑动，和 1 个单击。下面添加手势。

1. 锁定图层 layout，取消锁定图层 gestures。

2. 拖曳 Flick 元件到画布上，放置到 Image Slider 实例上方。

调整实例宽度至 300 像素。

3. 再添加一个 Flick 元件实例。

4. 右键单击（Windows）或按住 Control 键并单击（Mac）实例，在上下文菜单中选择"变形" > "水平翻转"。这将作为滑动切换回封面的提示。

5. 将实例放置屏幕左边，使其位于屏幕及边框上。

6. 设置不透明度为 70%，将实例缩小至宽度为 220。

7. 最后，找到 Tap 元件并添加，将其放置与 Video 播放的实例上方。最终效果如图 11.20 所示。

8. 保存文件。

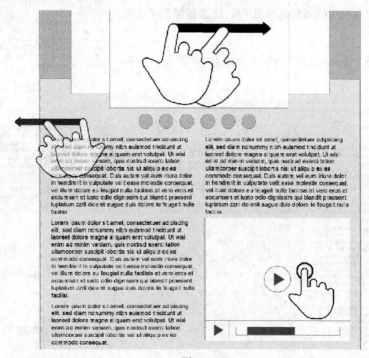

图11.20

添加旋转事件标志

许多移动设备上的独特特点之一是可以旋转设备进行查看。许多应用程序通过调整显示布局，以适应方向的变化。要知道，当应用程序被切换了方向，布局应有变化以适应新方向。

页面上已使用了一个元件。下面将其添加到两个新页面上。

1. 在文档库中，找到元件 Rotate Device，如图 11.21 所示，并将其拖曳至平板边框的右上角。

2. 修改不透明度为 70%。

3. 使用缩放工具及其边框，将实例旋转 45° 左右。角度不要求精准。

4. 调整实例大小至宽度为大约 320 像素。按需要调整实例位置，使其仍处于右上角，如图 11.22 所示。

图11.21

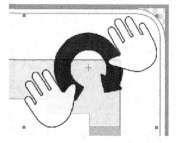
图11.22

5. 在保存工作成果之前，复制实例并粘贴到页面 Cover-V 的右上角。

> **Fw** **注意**：手势库里找不到 Rotate Device 元件，因为分别创建了两个元件，合并起来并转换为自定义元件，这才有了该元件。

完成交互性

最后一步是添加到新页面的热点。这些热点将作为触控点，保存到本课最后将创建的交互性 PDF 里。

Fireworks 无法创建在屏幕间切换的滑动动画，至少要通过添加热点，使文档比基本的 PDF 文件更有交互性。

1. 在页面 Cover-V 上，选择实例 Rotate Device。

2. 右键单击（Windows）或按住 Control 键并单击（Mac）它以打开上下文菜单。

3. 选择"插入热点"，如图 11.23 所示。

一个浅蓝色的矩形出现在实例上，属性面板更新显示热点选项。

热点会自动添加至活动页面的网页层里。命名热点没有命名切片那么有意义，因为切片名会作为文件名导出，而给热点命名仅方便于在 Fireworks PNG 文件方便识别交互性而已。热点和切片一样，并不关联基本图形，所以如果移动实例或调整实例大小，也得更新热点才能让它继续生效。

4. 光标指向属性面板上的"链接"，单击下拉菜单。

随着页面的创建及命名，Fireworks 在后台生成了一个页面超链接的列表，用户可以利用这些链接创建文档内的交互。

5. 滚动到分隔线下方，选择链接 cover-H.htm，如图 11.24 所示。

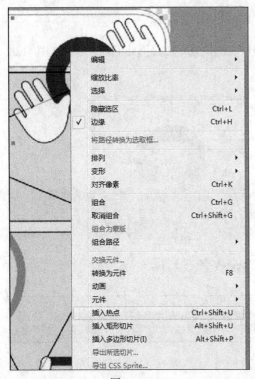

图11.23

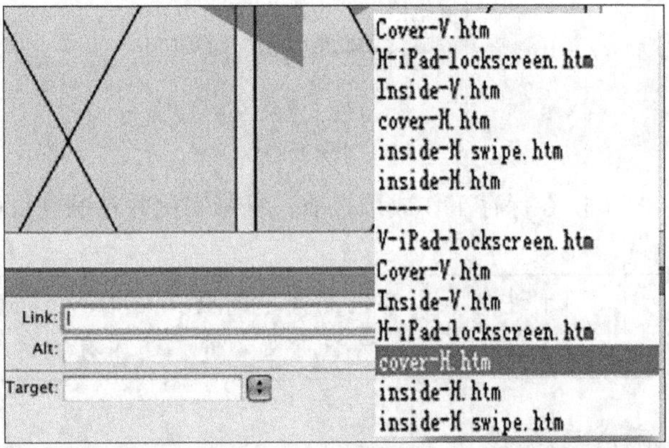

图11.24

6. 单击热点以外的地方，以提交修改。

7. 右键单击实例 Flick，并选择"插入热点"。

8. 在属性面板上，选择链接 inside-V.htm。再次确保选中是分隔线下面的链接。

9. 切换到页面 Inside-V。

10. 在实例 Rotate Device 的热点上添加热点，并设置链接 inside-H.htm。

11. 右键单击实例 Flick，添加热点并设置链接 cover-V.htm。

12. 保存文件。

13. 选择菜单"文件" > "在浏览器中预览" > "在'浏览器名称'中预览所有页",以测试该模型,并预览热点的动作。单击模型上的手势应该可以在页面间切换视图。

14. 测试结束后关闭浏览器,返回到 Fireworks。

| Fw | 注意:Fireworks 不仅会生成页面名称清单,还保留了链接被使用的记录。链接清单分隔线上的都只是先前被选中的链接的记录。不幸的是,选择这些"历史链接"并不能生成有效的超链接。 |

| Fw | 注意:如果链接无效,首先应检查是否选择了菜单"文件" > "预览所有页面"。如果确实选择了,那么在模板中重新设置与热点关联的链接。另外,确保选中的链接是分隔线下而不是分隔线上的。 |

提供模型

模型完成后,需要将其发送给客户,让客户反馈信息或批准。在 Fireworks 中,有多种方法可将设计和概念提供给客户,但其中有两种是发送交互性模型的理想选择,即 PDF 以及"HTML 和图像"。

交互性 PDF 文件让客户能够离线审阅文件,还可使用 Acrobat 的注释功能直接反馈信息。交互性 PDF 文件还支持矩形切片或热点中的链接,让客户能够使用模型内置的交互性浏览页面。交互性 PDF 文件不支持变换图像效果及 Tap 事件效果,但对模型来说,这没有太大关系。这两种效果可以在原型阶段实现。另外,还可设置密码来保护 PDF 文件。

"HTML 和图像"导出支持超链接、变换图像效果以及任何形状的热点和切片,但没有直接反馈机制,例如 PDF 文件中的注释功能。另外,如果要在线观看模型,必须将模型上传;如果要离线观看模型,必须通过 CD 或闪存提供给客户。

选择哪种方法由用户决定。对于这个简单模型,这里将其导出为安全的交互式 PDF。

导出模型

从 Fireworks 将该模型导出为 PDF 文件。

1. 选择菜单"文件" > "导出"。

2. 在"导出"对话框中,选择合适的文件夹和文件名。

为使存储整洁有序,使用文件夹 Lesson11。

3. 从"导出"下拉列表中选择 Adobe PDF。

4. 从"页面"下拉列表中选择"所有页面"。

5. 如果安装了 Acrobat Reader 或 Acrobat Professional，确保选中了复选框"导出后查看 PDF"，如图 11.25 所示。导出过程中没有进度栏提示。打开 PDF 文件是 Fireworks 已导出模型的唯一标志。

图11.25

6. 单击"选项"按钮。

7. 选中复选框"转换为灰度"，这将稍微缩小文件。鉴于这个模型使用的是灰色，因此这不会影响图像质量。

8. 选中复选框"使用口令打开文档"，并在"打开口令"文本框中输入口令 test，如图 11.26 所示。

9. 单击"确定"按钮返回到"导出"对话框，然后单击"保存"（Windows）或"导出"（Mac）按钮。

导出 PDF 文件后，如果安装了 Acrobat Professional，将启动它；在输入正确口令后，就能够测试 PDF 文件并启用注释功能。

如果没有安装 Acrobat Professional，Adobe Reder 将打开文件，但是不能启用注释。

图11.26

注意：也可使用口令限制特定任务。如果选择了复选框"使用口令限制任务"，必须指定与打开口令不同的保护口令。

注意：如果没有安装 Acrobat Professional，将启动默认 PDF 阅读器。虽然在阅读器中不能启用注释，但输入口令后可查看文件。

启用注释功能

如果最终用户安装了 Acrobat Professional，则可立刻添加注释。但并非每位客户都安装了 Acrobat Professional，他们可能只安装了 Adobe Reader。默认情况下，Adobe Reader 不允许注释，如果希望能够将反馈信息直接添加到模型中，则需要在 Acrobat Professional 中启用注释功能。

1. 在 Acrobat Pro 中，在"口令"对话框中输入口令。只有经过这个步骤才能打开文档。

将在 Acrobat 中打开模型。

2. 在 Acrobat 10（标准版或专业版）中，选择菜单"文件" > "另存为" > "Reader 扩展的 PDF" > "启用注释和分析"。

3. 在 Acrobat 9（标准版或专业版）中，选择菜单"高级" > "Adobe Reader 扩展功能"，为 Adobe 用户启用使用权限。

复习

复习题

1. 使用共享页面有何优点？如何创建共享页面？

2. 如何创建新页面？

3. 模型有何用途？

4. 元件在建立模型时有何帮助？

5. 什么是热点？指出创建热点的一种方法。

复习题答案

1. 和主页默认共享至所有页面不同，共享图层可共享图层上的所有内容至指定页面。共享图层上的对象可在任何应用共享的页面上编辑，且编辑会以级联方式同步到所有共享页面。要创建共享图层，在图层面板中选择要共享的图层，再从图层面板菜单中选择"将图层在各页间共享"。在"将图层在各页间共享"对话框中，添加要与其共享该图层的页面，再单击"确定"按钮。

2. 要创建新页面，可在页面面板中单击面板右下角的"新建/复制页"图标。

3. 模型是最终项目的简化表示，使用模型的原因是，模型很容易创建且它在完成使命后可丢弃。模型旨在描述应用程序的功能、流程和通用布局，而不重点考虑它是否美观。

4. 使用元件可提高建立模型的速度。用户无需在其他页面创建用于相同用途的新形状，甚至不需要复制和粘贴，而只需将元件拖放到画布中。如果元件是矢量对象，还可根据需要对其进行缩放。

5. 热点是 Fireworks 两个 Web 对象之一。热点可在设计中创建热区或可单击区域，以使页面有交互性。热点可链接至 Fireworks 设计中的另一个页面上，或链接至一个外部网址。一个快速为图形添加热点的方法是右键单击（Windows）或按住 Control 键并单击（Mac）并在上下文菜单中选择"插入热点"。这个方式创建的热点区域大小将与选中的图形大小完全一致。

第 **12** 课　高保真原型创建技术

课程概述

在 Fireworks 中，可创建复杂的交互式原型来演示最终项目的工作方式。阅读本课时，牢记 Fireworks 是一款卓越的图形编辑器，但它并非一款 HTML 网页编辑器，也不应有这样的期望。用户可期望的，是从 Fireworks 中找到所需的所有工具，以创建出符合客户口味的真实、动态的原型。

本课重点在于创建原型，而不是对图像进行优化，读者将在需要时使用切片创建视觉效果（如变换图像效果或其他效果）。

在本课中，读者将学习如下内容：

- 创建主页；
- 导入页面至模型设计；
- 使用切片工具创建交互；
- 触发无规则变换图像效果（模拟动态内容更新）；
- 在 Web 浏览器中预览模型设计；
- 导出为交互性网站原型。

　　学习本课需要大约 120 分钟。如果还没有将文件夹 Lesson12 复制到硬盘中为本书创建的 Lessons 文件夹中，那么现在就要复制。在学习本课的过程中，会覆盖初始文件；如果需要恢复初始文件，只需从配套光盘中再次复制它们即可。

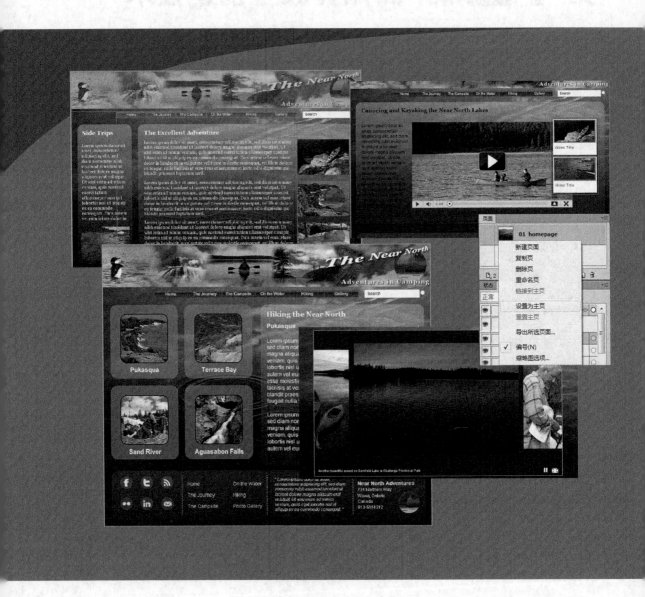

使用 Fireworks 标准工具可创建可单击的具有全面交互性的
HTML 模型；用户还可轻松地创建具有变换图像效果的按钮
以及模拟弹出式窗口。

熟悉原型目标

读者在第 11 课学习的概念也适用于本课，因此将有机会再次实践它们。为了快速了解这个项目的目标，先打开制作好的网页模型，接下来将在本课中制作它。

1. 打开一个已制作好的网站原型（near_north_site_final.fw.png），以熟悉本课的最终目标。

2. 如果出现有关缺失字体的提示，单击"维持外观"，因为不会与该文件过多地交互。

3. 在第 11 课中，将页面面板放到了面板停放区的一个独立面板组中。与默认设置相比，这种设置更有用，也更方便。如果页面面板并非位于独立的面板组中，现在就将其拖曳到独立的面板组中。

> **Fw** | **注意**：这个制作好的原型文件相当复杂，所以要打开它可能需要几秒钟的时间。

主页

在第 11 课介绍过，如果有视觉元素出现在所有页面中且其物理位置相同，则应使用主页。在这个示例模型中，有一些通用于页眉、背景和页脚的元素，因此使用了主页。

1. 选择页面面板顶部的主页。该主页包含多个出现在每个网页中的图形。此处需特别留意背景和页脚。从第 10 课起，这个主页就被设计得较高，以配合肥大的页脚。和传统页脚不同，本页的页脚塞满了内容：链接、社交网络链接、RSS 订阅、其他文章链接、联系方式、网站地图、回到首页链接、分类清单和最近评论等。仔细观察，背景图像底部和页面背景色混合了起来。在处理较长的网页时，给这种大背景图像加上渐隐效果是非常有用的技巧。

2. 单击工具面板中的"显示切片和热点"按钮。

在该页面上，创建了覆盖横幅图像的切片，如图 12.1 所示，以提供交互性；单击横幅会链接回首页。

3. 打开网页层。

网页层里显示横幅图像上的切片，如图 12.2 所示。虽然所有按钮元件适用于所有页面，但把它们放到主页上可能会出现明显的性能下降的情况。所以，笔者将图层 index 上的按钮元件作为导航图层共享给其他页面。

> **Fw** | **提示**：如果看不到切片，且"显示切片和热点"按钮处于选中状态，可试着单击"隐藏切片和热点"按钮，再单击"显示切片和热点"按钮。要在这两个设置间切换，可按 2 键。

图12.1

内容页

在这个最终的模型中，所有页面都使用标准命名规则进行命名。这很重要，因为将从该文件生成 HTML 页面。下面来查看一个页面，它包含主页元素，也有其特有的图形。

图12.2

1. 选择页面 index。

2. 缩小视图以便能够看到文档的大部分内容。

3. 单击工具面板中的"显示切片和热点"按钮。

可以看到来自主页的热点和按钮元件，但没有覆盖页面 index 中图形的切片，如图 12.3 所示。由于这是个原型，因此遵循切片最少化原则，仅在需要创建视觉效果时才使用切片。原型获得认可后，设计人员将回过头来创建切片，以便优化和导出最终网页。

另外，注意，无法选择主页中的切片和热点。滚动到图层面板底部，看到一个特殊的图层"Master Page Layer"，如图 12.4 所示。这个图层被锁定了，无法在任何子页面上解锁它。如果用户需要编辑主页上的元素，必须回到主页上去操作。

4. 在画布外单击，确保不选中任何对象，然后打开优化面板。

该页面（以及该设计的其他页面）使用的基本优化设置为"JPEG- 较高品质"，如图 12.5 所示。

总体而言，这是确保图像质量的不错选择。尽管图像优化不是网站模型的首要要素，至少也要确保所有页面都被设置为"JPEG-较高品质"或"PNG24"。如设置优化为 GIF 或 PNG8，由于色彩范围的限制，可能会生成低质量交互性原型。

图12.3

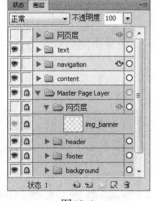

图12.4

图12.5

5. 切换到页面 campsite。该页面确实使用了切片，但只用于提供变换图像效果和交互到子页面。

6. 隐藏切片和热点，然后单击文档窗口顶部的"预览"按钮。

7. 选择指针工具，并将光标指向页面左边的照片缩览图，注意到有微妙的变换图像效果，如图 12.6 所示。任意单击 4 个缩览图，注意页面右侧的内容切换更新。对一个静态网页来说还不错。这是利用在 Fireworks 中能轻易添加的 JavaScript 行为完成的。

图12.6

行为是什么

　　添加行为，即是在无需写任何JavaScript代码的情况下，快速为网页模型添加JavaScript功能。使用JavaScript在网页中实现变换图像效果相当常见，但基于CSS的变换图像效果日益流行，已成为最终网页的实际标准了。

8. 切换回原始视图，选择页面water。页面内容的布局和前 3 个页面不搭调，前 3 个页面都是有两个或以上的内容栏的，而它只是在大内容区上展示了一个视频。但是，这个视频可不是真的。这里的目标是展示视频的位置，而不在乎功能上的实现。

页面 hiking 和页面 campsite 相似，但缩览图不是图标，而是不同的远足旅行照片。

9. 单击 "预览" 按钮，将鼠标指向预览图并单击。

留意到有投影的变换图像效果，如图 12.7 所示。

和页面 Campstite 不同，这里并没有在页面右侧的内容栏做内容更新切换。这个模型并不是真正的站点。已经在页面 campsite 上展示了这一个功能效果，所以在这里没有必要重复。在创建原型时需要记住这一概念，无需重复已出现的功能。

图12.7

10. 选择页面 gallery。原型上的最后这个页面是一个 jQuery 相册，如图 12.8 所示，同样，它并无实际功能。Fireworks 无法做出如基于 jQuery 或 Flash 的相册图片切换动画效果，所以这里只专注于创造出相册理想的静态展示效果。

11. 关闭该文件而不保存所做的修改。

图12.8

充实原型

为加快本课的进度，页面的大多数素材都已准备就绪。但需创建主页和两个新页面，并在其中添加素材，所以大部分时间将花在为该原型添加交互性上。

创建主页

网站的主页设计通常要以初始网页设计为基础。例如，读者一直在处理的首页，包含了主页所需的所有主要设计元素，还有设计项目中它本身独特的内容部分。在这个示例中，笔者特地花了时间添加页脚，并将页面拓展以适应页脚。

1. 打开文件 near_north_site_start.fw.png。如果出现有关缺失字体的提示，单击"替换字体"，并使用系统上安装的名称类似或外观类似的字体替换缺失字体。如果不知道缺失字体的外观特征，可在 Internet 上搜索。

这个阶段的网站模型版本还缺失了大量内容，下面读者将迅速处理这个问题。

2. 如果选择的页面不是 homepage，在页面面板上选择该页面，如图 12.9 所示。这是一个完整的页面。

3. 选择页面 campsite。页眉、导航栏和页脚内容都是缺失的，随后的页面皆如此。读者需要在页面 homepage 中收集到共用的元素，并将之转换为主页。这个操作无需复制或粘贴。

4. 在页面面板上，将页面 homepage 拖曳到"新建 / 复制页"按钮上，如图 12.10 所示。

在页面 homepage 下方，出现了一个页面副本，如图 12.11 所示。

图12.9

图12.10

图12.11

5. 将页面副本重命名为 index。

6. 在图层面板上，找到页面 index 上拥有公用内容的图层，删除图层 header、图层 footer 和图层 background。删除有内容的图层很简单，需要几个步骤。

7. 在图层面板上选择图层 header。

8. 在图层面板右下角单击垃圾箱图标，如图 12.12 所示。这删除了图层上的内容，并未删除图层本身。

9. 再次单击垃圾箱图标，删除图层 header。

10. 重复第 8 步和第 9 步，删除图层 footer 和 background。此时剩下图层 content、navigation 和网页层，如图 12.13 所示。

11. 说到网页层，里面还隐藏有一个横幅图像的切片。选中并删除它。

图12.12

页面 index 现在看起来很稀疏，但没关系。

12. 选择页面 homepage，删除图层 content 和图层 navigation（记住，每个图层都需单击两次垃圾箱才能删除）。

13. 在页面面板上，右键单击（Windows）或按住 Control 键并单击页面 homepage，在上下文菜单中选择"设置为主页"，如图 12.14 所示。

14. 将主页命名为 common，如图 12.15 所示。

图12.13　　　　　　　　　　图12.14　　　　　　　　　　图12.15

15. 选择页面 index，发现先前删除的所有内容恢复显示了。不仅如此，在文件的其他子页面上也显示出来了，如图 12.16 所示。单击其他页面，缩略图会更新，以显示主页的内容。

图12.16

其他页面上缺失的仍是导航栏。

> **Fw** | 注意：由于设计的切片包含在元件中，所以在网页层看不到按钮元件的切片。

16. 切换到页面 index，在图层面板上右键单击（Windows）或按住 Control 键并单击图层 navigation。

17. 选择"将层在各页间共享"。

18. "将层在各页间共享"对话框出现时，选择页面 campsite 和 hiking，添加至共享栏，然后单击"确定"按钮。

19. 选择页面 sprites。

20. 在图层面板选项上，选择"删除主页层"，如图 12.17 所示。

21. 保存文件。

图12.17

> **Fw** | 注意：由于这是一个网站模型，所以选择将各页面的宽高统一为公共尺寸。这允许在主页中设置页脚，以加快模型的创建。如果要展示在不同页面长度下各页面切换效果，读者可以在主页上删除页脚，并将其手动添加到各页面的相应位置上。

添加页面

下面在模型中添加更多页面。这个项目有些部分给了一些初级设计师。文件已经收集回来了，现在读者要将这些内容导入为完整的页面。

1. 选择页面 index。

2. 选择菜单"文件">"导入"，切换到文件夹 Lesson12，找到文件 journey.fw.png，单击"打开"按钮。

3. 预览图像出现时（本机的 Fireworks PNG 文件都会由预览），启用"在当前页之后插入"，如图 12.18 所示。

4. 单击"插入"按钮（Windows），如图 12.19 所示，或"打开"（Mac）。

Fireworks 导入了文件 journey 的内容，也将文件名导入为页面名。可以看到主页自动应用到该页面了，如图 12.20 所示。

图12.18

图12.19

图12.20

5. 选择页面 campsite。

6. 选择菜单"文件">"导入",切换到文件夹 Lesson12,找到文件 water.fw.png,单击"打开"按钮。

7. 预览图像出现时（本机的 Fireworks PNG 文件都会由预览），注意，"在当前页之后插入"仍处于启用状态。这个选项没有默认值，一旦被启用就会保持启用状态，直到用户禁用为止。

8. 单击"打开"按钮以添加页面 water 到原型，包括一个视频界面，如图 12.21 所示。

最后，还需要页面 gallery。这个页面还没有创建，接下来很快要处理这个问题。同时，读者要添加页面 gallery 的基础元素。

9. 选择页面 hiking。

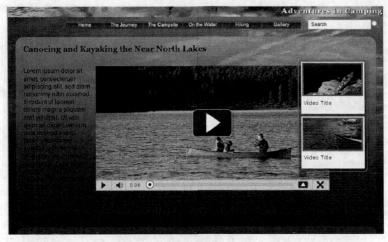

图12.21

10. 单击"新建 / 复制页"按钮，如图 12.22 所示。

Fireworks 生成了新页面，同时在页面上添加了主页内容。

11. 将页面重命名为 gallery。如图，如图 12.23 所示。

图12.22

图12.23

12. 切换到页面 index，右键单击（Windows）或按住 Control 键并单击（Mac）图层 navigation，选择"将层在各页间共享"。

13. 添加新页面 journey、water 和 gallery 到共享栏，单击"确定"按钮。

14. 保存文件。

 注意：导出为"HTML 和图像"或"CSS 和图像"时，页面名将用作 HTML 文件名，因此给页面命名时最好遵循标准命名规则，就像给切片命名一样，即不使用空格和特殊字符，全部使用小写字母。

创建简单变换图像效果

变换图像效果需要在一个单独的状态中的内容才可以运行。为了向客户展示页面 hiking 的变换图像效果，读者需要至少再添加一个状态以容纳变换图像效果。在接下来的练习中，读者将重制一个新状态，为缩览图添加投影效果及切片交互链接，最后应用变换图像效果。

1. 选择页面 hiking。

2. 打开状态面板。当前只有一个状态,如图 12.24 所示,称之为主状态。

3. 单击状态面板上的选项按钮,选择"重制状态"如图 12.25 所示。

4. 在"重制状态"对话框中,确保只添加一个状态,且插入到当前状态之后,如图 12.26 所示。

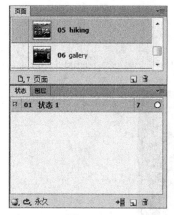

图12.24

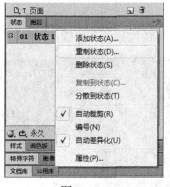

图12.25

图12.26

5. 单击"确定"按钮。

页面 hiking 的主状态内容在新状态上也是可见的,但注意到主页的内容并不可见,这是因为主页只有一个状态。如果要在主页上使用多个状态时,必须确保主页的状态数量和子页面一致。

6. 选择主页,在状态面板上和先前处理页面 hiking 一样,选择"重制状态"。

状态回顾

几个章节前,读者学习过关于状态的内容。继续学习之前,先来复习一下状态。

Fireworks文档的每个页面包含至少一个状态。无交互性的设计只需要一个状态,每一个状态代表选中页面的可视性、效果及所有对象在该状态下在图层上的位置。如果需要交互性或基于帧的动画,就必须添加新状态。

状态有3个主要用途:

* 创建基于帧的动画;

* 展示对象的不同状态,如网站导航按钮的一般状态与光标悬停状态;

* 基于用户交互控制对象的可视性,如光标悬停时显示按钮新状态或单击按钮时在页面别处显示新内容。

状态可包含完全不同的内容,也可用以表示在不同状态下某元素的细微改变。例如,按钮可在新状态下显示光晕或投影。

添加投影

接下来需要在页面 hiking 的新状态上为缩览图添加投影效果。

1. 切换回页面 hiking，选中状态 2。

2. 选择指针工具。

3. 按住 Shift 键，逐个单击 4 个缩略图图像。

切勿单击旁边的灰色背景。

4. 在属性面板上单击滤镜旁边的加号（+），选择"阴影与光晕">"投影"，如图 12.27 所示。

图12.27

5. 出现投影属性对话框，如图 12.28 所示，按 Enter 键保留默认设置。

6. 反复单击两个状态，以查看视觉效果，如图 12.29 所示。

7. 在状态 1 下，按住 Shift 键，使用指针工具选中各缩览图底下的灰色背景，如图 12.30 所示。

图12.28

图12.29

图12.30

8. 在选中的 4 个背景上右键单击，选择"插入矩形切片"，如图 12.31 所示。

图12.31

9. 在弹出窗口上，选择"多重"按钮。

10. 在属性面板或图层面板上，选择各切片并以缩览图下的标签名对其重命名。否则切片尺寸一致，在网页层中不能轻易辨认。

添加变换图像行为

现在有 2 个状态、4 个切片。下面给切片添加 JavaScript 行为以添加交互性。此处，无需写任何代码。通常来说，只需对多个选中的对象应用属性或行为，即可节省宝贵的时间。

图12.32

1. 确保选择了全部 4 个切片。在每个切片中央都有一个小圆圈，这是行为手柄，可快速为切片添加交互性。

2. 单击 4 个切片中任何一个切片的行为手柄，在上下文菜单中选择"添加简单变换图像行为"，如图 12.32 所示。

注意：虽然网页中内嵌的图像需要有替代文本，但在这个练习中，不要求添加替代文本，因为这只是原型，并非最终网站。

注意："简单变换图像行为"需要至少两个状态，且能快速创建变换图像效果。切片决定两个图像的边界：鼠标松开时图像和鼠标悬停时的图像。带切片的对象在不同状态下必须有视觉上的差别，而这个差别不能超出切片的边缘。如果差别超出切片边缘，变换图像效果将有部分被切除。

测试变换图像

现在测试艰难获得的工作成果。

1. 在工具面板上单击"隐藏切片和热点"按钮。

2. 单击"预览"按钮。

3. 将光标指向缩览图，以查看变换图像效果，如图 12.33 所示。

4. 切换回原始视图，保存文件。

图12.33

创建远程变换图像效果

读者已经快速学习了如何处理状态和切片以创建交互，现在应该稍微提升难度，给页面 campsite 完成交互性了。先研究一下两个已制作好的示例。

1. 选择页面 campsite。

2. 隐藏切片，然后单击"预览"按钮。

3. 光标指向上面的两个图标，注意到有微妙的蓝色光晕出现，如图 12.34 所示。这和读者在页面 hiking 上创建的效果类似。如果不行也没关系，下面将在这个页面上多做练习。

图12.34

4. 单击上面的两个图标，注意到右侧的内容变换，如图 12.35 所示。

注意：预览图上已应用了一般被称为"Photoshop 动态效果"的滤镜。如果读者熟悉 Photoshop 和图层样式，可将此看作 Fireworks 对这些效果的沿用。Photoshop 图层样式的功能比 Fireworks 更加全面。笔者最常用的是"笔触"效果（在此处用于创建预览图边界）。Fireworks 不提供对位图添加笔触效果的简易方法。

这就是所谓的"远程变换图像效果"。在示例文件中，这个"老式"的技巧被用于模拟内容的动态变化。在 Web 页面上，这类功能可由 jQuery 和 Ajax 创建，而 Fireworks 的主要目标是在视觉上展示效果。在 Fireworks 中，这些效果由状态和 JavaScript 行为创建。用户不必了解或写任何 JavaScript 代码，仅用 Fireworks 行为面板处理即可。

图12.35

检查状态和切片

查看页面上的状态如何使效果生效。

1. 打开状态面板。

页面包含 7 个状态，如图 12.36 所示。前 3 个状态控制图标，后 4 个状态控制页面右侧的内容栏。状态 1（重命名为 up）代表页面的正常视图。状态 2（重命名为 over）代表悬停状态。状态 3（重命名为 down）代表图标被选中时的效果。状态 4 到状态 7 根据状态中的右侧其内容被重新命名。

2. 逐个单击状态，以查看画布上的变化。需注意内容区域的更新，但是选择状态 3（down）时，主页内容没有显示。

3. 回到状态 up。

01 up	7	○
02 over	7	○
03 down	7	○
04 tents	7	○
05 reading	7	○
06 fire	7	○
07 cooking	7	○

图12.36

先前读者为使页面 hiking 上的变换图像效果生效，在主页上添加了第 2 个状态。页面 campsite 也是如此，页面上有 7 个状态，所以主页也需要有 7 个状态。如果没有，页面上的内容栏以外将是空白，而内容区域看起来则不自然。

4. 切换回主页，在状态面板上，选择"重制状态"。

5. 设置数量为 5（原本有 2 个），选择"在结尾"并单击"确定"按钮。

6. 切换回页面 campsite。

7. 恢复显示切片和热点，将看到上面两个图标的切片及页面右侧内容区域上的大切片。事实上，Fireworks 所做的就是通过相应的不同状态置换掉切片下的图片区域。切片是这个动态效果生效的关键。

8. 单击左上角的图标。注意到切片的行为手柄上伸出并连接到右侧大切片的蓝色曲线，也注意到这个小切片是有名称的：在切片的左上角显示"setup"的字样。

9. 选择帐篷图标上的切片 reading，其行为手柄也连接到大切片 content 上。

切片名称是由用户按照不同的交互区域主观设定或按一定逻辑设定的。在自己的项目中，只要名称栏有足够空间或名称没有特殊字符，用户可以随意命名切片。

行为面板

行为面板是创建和编辑若干预置 JavaScript 功能的界面，而无需用户了解任何代码知识。接下来打开行为面板，查看上述的两个图标切片如何与行为面板相关联。

1. 选择菜单"窗口">"行为"，出现了行为面板，悬浮在桌面，如图 12.37 所示。

2. 将面板移至画布上的图标附近。

3. 选中切片 setup。在行为面板上，看到两个行为和该切片关联：一个控制变换图像效果，另一个控制内容区域，如图 12.38 所示。

4. 在行为面板上，双击动作"交换图像"，出现一个新对话框，如图 12.39 所示。刚接触这个对话框可能会感到迷惑，但只要了解具体的关注点，就相当简单了。

图12.37

在滚动框中，看到"content"字样突出显示，这指的就是同名的切片。框内其他名称同样指切片。上下滚动可看到切片 reading、setup 及所有按钮切片。再向上滚动，可看到大量以奇怪的数字命名的切片。这些名称代表没有手动添加切片的页面区域。即使没有动手添加切片，Fireworks 也需要对页面其他部分进行切割（自动切片），以导出 html 表格。

图12.38

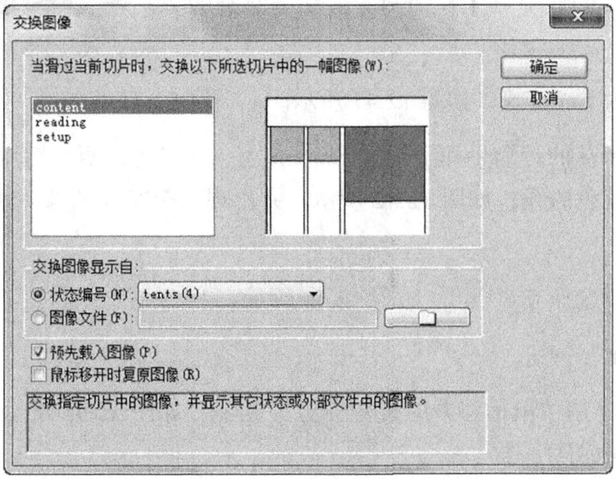

图12.39

对话框右边是带切片的页面的线框图。蓝色区域表示切片 content 在页面上的位置。单击其他切片，蓝色突出显示区域会随之变动。

切片列表下方是交互区域通往浏览器或行为的说明。此处可选择当用户与图标切片 content 发生交互时，切片应显示的状态。也可选择浏览完全独立的文件，但当前需要的东西都在 Fireworks 文档内。

用户可预先载入图像，以使效果可即时生效，而无需等待浏览器找到图像文件的延迟时间。

最后一个选项"鼠标移开时复原图像"为禁用状态。这样，切片就没有缺省的显示效果，即强制使切片 content 上的新交换出的图像保持可见，除非用户单击另一个图标。

5. 单击"取消"按钮返回文档。

添加交互性

下面为其他两个图标添加交互性。

1. 按住 Shift 键，使用指针工具选择篝火图标和野餐桌图标周围的灰色背景阴影。

2. 右键单击（Windows）或按住 Control 键并单击（Mac）两个形状任意一个，选择"插入矩形切片"，在弹出窗口上，选择"多重"按钮。

两个形状仍处于选中状态，下面同时为它们添加行为。这个行为将控制图标在鼠标指向并单击图标时的显示效果。

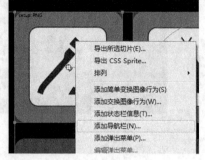

3. 单击两个行为手柄任意一个，选择"添加导航栏"，如图 12.40 所示。

4. 出现对话框，无需修改任何属性，单击"确定"按钮即可。

5. 在画布外单击，确保不选中任何对象，然后选择覆盖篝火图标的切片。

图12.40

6. 将切片重命名为 campfire，如图 12.41 所示。

7. 拖曳切片 campfire 的行为手柄至切片 content 上。这将连接两个切片。出现一条表示两个切片连接状态的蓝色曲线，如图 12.42 所示，并出现一个交换图像对话框，如图 12.43 所示。

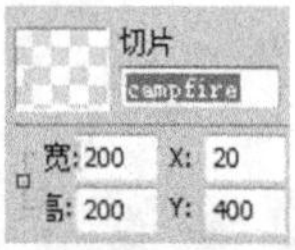

8. 单击下拉菜单，选择 fire（6），如图 12.44 所示。

9. 单击"更多选项"按钮。

图12.41

10. 出现对话框，禁用"鼠标移开时复原图像"功能，如图 12.45 所示。这使图像没有缺省显示效果，和其他切片一样。

图12.42

图12.43

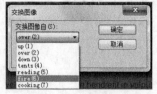

图12.44

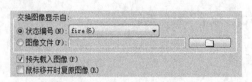

图12.45

11. 单击"确定"按钮。

行为面板上显示为两个行为，但是"交换图像"行为使用了 onMouseOver 事件（即光标悬停）。下面需要修改为 onClick 事件。

12. 选择面板上的"交换图像"行为，然后单击 onMouseOver 事件旁边的下拉菜单。

13. 在下拉菜单中选择"OnClick"，如图 12.46 所示。

14. 处理最后一个图标之前，快速测试一下效果：在工具面板上隐藏切片，然后单击"预览"按钮。

15. 光标指向篝火图标，应出现蓝色光晕。

16. 单击篝火图标，内容区域的图像应有变化。

17. 光标指向其他图标。光标悬停效果应出现，但除非有单击动作，否则内容面板上不出现任何变化。这就是所说的没有默认显示效果。

图12.46

18. 切换回"原始"视图，恢复显示切片。

19. 选择野餐桌上的切片，将其重命名为 cooking。

20. 在切片 cooking 上重复第 7 步~第 13 步，这次为"交换图像"行为选择状态 cooking（7）。

 提示：如果行为面板碍事，可单击标签"行为"将该面板折叠，也可将其停放在屏幕右边的其他面板组中。

完成原型

至此，已经完成了大部分工作，只需再做点工作就可完成该原型。

创建带相册的页面

模型的最后一个页面是一个带相册的页面。在其他页面的建设上，事先为读者创建了许多素材，所以最后这个页面，读者将从头开始，创建一个带 jQuery 相册的页面。读者将处理位图对象、矢量对象、元件及创意命令等。

创建相册外壳

下面从建立相册外框开始。

1. 选择页面 gallery。

2. 在图层面板上，将默认的层 1 重命名为 content。

3. 在矢量工具集里，选择矩形工具，绘制一个矩形。

4. 在属性面板上设置如下属性，如图 12.47 所示。

宽：820

高：470

X：70

Y：163

颜色：#1C1C1C

笔触色：白色

笔尖大小：1

描边种类：1 像素柔化

描边对齐：描边内部对齐

在右下角，为特写展示的图像添加题注。

5. 选择文本工具，设定属性为 Arial、Regular 和字体大小为 10，字体颜色为白色。

6. 字显得太小，将消除锯齿级别改为"不消除锯齿"，如图 12.48 所示。

图12.47　　　　　　　　　　　　图12.48

7. 光标指向并单击矩形左下角附近，输入题注：Another beautiful sunset on Burnfield Lake in ObatangaProvincial Park。

 注意：奥巴坦戛省立公园是安大略省北部一个真实的地方，距离苏必利尔湖畔只有很短的驾车距离。Near North 网站原型的所有相片都经由 Jim Babbage 之手摄影。欢迎用户将这些摄影作品用于教育用途或个人用途。

8. 调整文本的位置至 x、y 坐标大约为 80 和 605。

在右下角添加界面控制按钮：暂停图标及全屏图标。两个图标都是元件。暂停图标来自公用库的二维对象，全屏图标是专门为用户创建的，在文档库里可以找到。

9. 打开文档库，拖曳元件 full_screen icon 到画布上，放置于 x、y 坐标分别为 854 和 607 的位置，如图 12.49 所示。

由于这个实例对象的尺寸正好，无需加大，值得一提的是它作为矢量对

图12.49

象，可以无数次调整大小而不会损坏图像质量，如图 12.49 所示。

10. 打开公用库，展开文件夹"二维对象"。

11. 找到元件"暂停媒体"，如图 12.50 所示，将其拖曳至画布上。它的尺寸太大，颜色也不对。

12. 在属性面板上，将宽、高分别设置为 11 和 14。

13. 使用指针工具双击已缩小的元件，以编辑颜色。

图12.50

图形在"就地编辑"模式下打开，设计上的其他对象呈现为灰色蒙版且不可编辑，如图 12.51 所示。

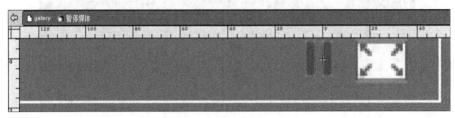

图12.51

14. 选中对象，在属性面板上修改填充色为白色。

15. 在文档窗口顶部单击导航条路径"gallery"，如图 12.52 所示，以回到主画布上。

16. 将暂停图标与全屏图标对齐。

添加示例图片

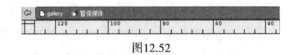

图12.52

下面为模型添加 3 张图片，或说一张图片和两个半张图片，以模拟 jQuery 相册上特写图像及特写前、后图像的展示效果。尽管这些图像都是静止的，这个插图也能很好地为用户展示如何浏览相册图片。

如何拥有一个真正的相册

Fireworks本身并不支持有交互性的相册。但是用户可通过对导出的HTML文件使用特殊的Fireworks切片——HTML切片，从而使其带有交互性，而不是仅建立静态图形。

这个过程已经不属于Fireworks工作流程，更多的是编码工作流程。如果用户对添加动态内容至Fireworks原型感兴趣，推荐David Hoque博士在Adobe网站上的出色教程：http://www.adobe.com/devnet/fireworks/articles/rapid_interactive_prototyping.html。

1. 选择菜单"文件">"导入"，切换到文件夹 Lesson12，打开文件 sunset.jpg。

2. 导入光标出现在画布上时，单击并拖曳出一个大约 540 像素宽的选取框，然后松开鼠标。

3. 对齐图像，使其在灰色的相册矩形内左右居中，如图 12.53 所示。

图12.53

4. 再次选择菜单"文件">"导入"，导入文件 fleet.jpg。

5. 拖曳导入鼠标，绘制出一个高度为 320 像素的矩形。

6. 调整图像至日落图片左边 20 像素的位置。图像会覆盖相册主矩形的一部分，但这没关系。

7. 调整图像的位置，使其居中。可利用辅助线协助居中。两个图片间应有 20 像素的距离，如图 12.54 所示。

8. 导入最后一个图像 photog.jpg 至日落图片右边，高度与左边的图像一致。

在已完成的示例中，两个图像超出相册矩形的部分都被剪除了，且以黑白色展示。颜色将通过命令来修改，剪除操作有两种方式：蒙版或裁切。在本原型中，要修改相册的可视区域不太现实，所以裁切比较理想。下面先修改颜色。

9. 选择指针工具，按住 Shift 键，单击左边和右边的图像。

图12.54

10. 选择菜单"命令">"创意">"转换为灰度图像"。动态滤镜添加至两个图像，使其显示为黑白，如图 12.55 所示。

11. 选择图像 fleet。

12. 使用缩放工具放大图像，但要确保图片的左边缘可见。

13. 选择菜单"编辑">"裁剪所选位图"，此时图片四周出现裁剪选取框。

14. 向右拖曳选取框左中间的控制手柄，当裁剪线到了白边内时，按 Enter 键以裁剪，如图 12.56 所示。要获得更精确的裁剪，用户可以将视图再放大更多。

图12.55   图12.56

15. 对图像 photog 重复这个操作，这一次从右边裁剪。

　　jQuery 相册界面完成了。这一部分的设计包含若干元素，建议选择图层 content 所有对象并通过"菜单" > "修改" > "组合"将其组合。如果需要对组合内的对象进行单独调整，需要记住可使用部分选定工具选择单独的对象。

 提示：用户在裁剪图像时，可使用快捷键 Ctrl+ 加号（＋）（Windows）或 Commang+ 加号（＋）（Mac）放大图像。

 注意：记住，这种方式的裁剪是破坏性的，提交裁剪时图形数据将被删除。

16. 保存文件，如图 12.57 所示。

图12.57

在浏览器中预览原型

做好轮胎就该上路试车了！——或者说，做好像素就该上屏幕演示了！接下来将预览整个 Fireworks 原型，在导出原型给客户做演示前，先检查功能性及链接有效性。

1. 确保文件已保存。

2. 选择菜单"文件">"在浏览器中预览">"在'浏览器名称'中预览所有页"，如图 12.58 所示。

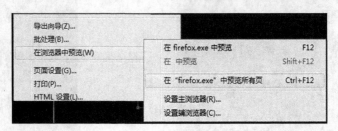

图12.58

3. 单击导航栏中的按钮，以探索整个站点，确保所有页面载入正确，如图 12.59 所示。

图12.59

4. 检查页面 campsite、hiking 以及横幅图像的交互性等，单击按钮 Gallery，浏览器无法找到文件。

仔细观察浏览器地址栏的链接地址，如图 12.60 所示。

链接地址的文件名最后多了一个"l"。接下来就要修复这个问题。

图12.60

注意到内容区域底部的黑色文本难以阅读——这并不方便，却是在匆促写代码之前在原型中彻底测试设计的一个重要原因。其实这个问题修复起来非常简便。

修正错误

读者已测试过原型并找出一些问题：一个无效的超链接，一个难以阅读的文本。在本练习中，读者将修复这些问题，修复方式比想象要简单得多。

1. 选择任何包含导航栏的页面。

2. 显示切片，并单击导航栏上的 gallery。

3. 在属性面板上的链接字段里，去掉文件名最后的"l"，如图 12.61 所示，然后按 Enter 键锁定修改。

由于导航栏存在被共享的图层中，一次简单的修改即可修正所有页面。

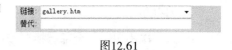

图12.61

4. 保存文件。

修改文本颜色则没有这么快捷，但也简单得令人惊讶。

5. 在面板组上，展开页面面板，如图 12.62 所示。

将状态面板展开，以适应页面 campsite 状态列表的长度。

6. 选择页面 index。

7. 选择菜单"编辑">"查找和替换"。

8. 在搜索范围菜单上，选择"搜索当前页面"。

9. 在查找菜单上，选择"查找颜色"。

10. 单击第 1 个填色框，选择黑色。

11. 单击第 2 个填色框，设置为白色。

12. 将"应用到"菜单选项设置为"填充"，如图 12.63 所示。

图12.62

图12.63

13. 单击"全部替换"按钮。需要等几秒钟，Fireworks 才能替换掉文本颜色，但和手动修改六个文本块的颜色相比，这点时间根本不算什么。

14. 切换到页面 journey，再次单击"全部替换"。

15. 切换到页面 campsite。这个页面需要特别留意：图标都是矢量对象，不能替换掉这些图标的填充色。

16. 这一次不单击"全部替换"按钮，而是单击"查找"按钮，并留意画布上被选中的对象。如果选中了文本，单击"替换"按钮。如果选中了图标，则继续单击"查找"按钮，直到其他文本对象都被选中。

只要选中了文本，就单击"替换"按钮，如图 12.64 所示。

这个特殊的页面有 7 个状态，所以必须在每个状态下都执行查找和替换。Fireworks 每处理一个状态，活动状态会在画布上可见，且在状态面板上突出显示。

17. 选择页面 water，重复刚才对页面 campsite 的操作过程。这个页面上没有额外状态，但在视频界面上有许多矢量对象。

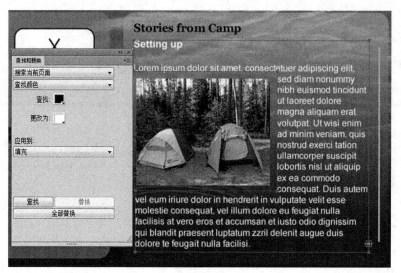

图12.64

18. 在页面 hiking 上，选择"全部替换"按钮。

页面 gallery 没有需要修改的文本。

19. 保存文件。

 注意：可能留意到在搜索菜单上有"搜索文档"选项。这个选项很诱人，但要记住设计中有许多包含黑色填充色的矢量对象。在整个文档上执行搜索和替换，会造成很多不必要的修改。

导出原型

创建原型的最后一步是导出设计，让客户能够测试网站的流程和功能（当然，图形设计技能将给他留下深刻的印象）。

1. 在页面面板中，选择除主页和页面 sprites 外的所有页面。

2. 选择菜单"文件" > "导出"，切换到文件夹 Lesson12，并在其中新建一个名为 nn_website 的文件夹。

3. 打开（Windows）或选择（Mac）该文件夹。

4. 从"导出"下拉列表中选择"HTML 和图像"。

5. 确保在下拉列表"HTML"中选择了"导出 HTML 文件"，且从下拉列表"切片"中选择了"导出切片"。

6. 从下拉列表"页面"中选择"所选页面"，确保选中了复选框"包括无切片区域"。如果只分割了几个元素——大多出于添加交互性的目的，如果不导出无切片区域，网页将看起来不自然。

7. 确保选中了复选框"将图像放入子文件夹"，以便生成的网站更组织有序，如图 12.65 所示。

图12.65

8. 单击"选项"按钮，并选择"表格"选项卡。

9. 从下拉列表"间距"中选择"嵌套表格，无间隔符"，如图 12.66 所示。这将稍微降低表格的复杂度，但并非一定要这样做。

10. 单击"确定"按钮关闭"HTML 设置"对话框，然后单击"保存"（Windows）或"导出"（Mac）完成导出过程。

导出过程没有进度条，但应该能看到沙漏（Windows）或旋转的海滨气球（Mac）。就该设计而言，导出过程应该在 1 ~ 2 分钟内就能完成。

由于主页的横幅图像切片已有自定义名称（img_banner），Fireworks 会多次弹出对话框，确

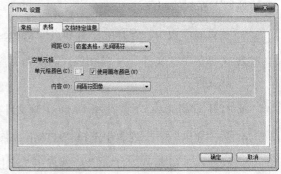

图12.66

认是否覆盖现有文件，如图 12.67 所示。图像文件在各页面都是一致的，因此可以覆盖图像文件。

图12.67

11. 使用资源管理器（Windows）或 Finder（Mac）找到原型文件夹。

将发现其中包括 6 个网页和 1 个 images 文件夹，如图 12.68 所示。

图12.68

12. 打开文件夹 images，将看到其中的图形非常多。正如本书前面讨论过的，以"HTML 和图像"方式导出时，Fireworks 将所有内容都导出为图形。对于用户没有手动分割的区域，所以导出时将使用 Fireworks 自动命名和自动分割规则。

鉴于这里只是建立原型，对此不用过分担心。这也是一个典型的示例，说明了为什么不应使用导出方式"HTML 和图像"来生成最终网页。

双击页面 index 以便在 Web 浏览器中加载该模型，并对链接和其他交互性元素进行测试。

复习

复习题

1. 什么是"远程"变换图像效果？

2. 如果给页面添加状态？

3. 行为是什么？如何应用它们？

4. 如何编辑 JavaScript 行为？

5. 如何将完成的多页面 Fireworks 设计转换为可单击的 Web 原型？

复习题答案

1. 当用户单击网页的一个位置或将光标指向它时，在该页面的另一个位置出现视觉变化，这被称为远程变换图像效果。要在 Fireworks 中创建这种效果，可结合使用切片和热点或单独使用切片，再使用 Fireworks 行为添加必需的 JavaScript 代码。

2. 要添加状态，可从状态面板菜单中选择"添加状态"。

3. 行为是预置的 JavaScript 函数，可通过单击热点或图像切片对象的行为手柄来添加。

4. 要编辑已应用的行为，可选择菜单"窗口">"行为"打开行为面板，再选择对其应用了行为的切片或热点，然后在行为面板中选择行为。还可使用行为面板来添加行为。

5. 选择菜单"文件">"导出"，并切换到所需的文件夹。再从下拉列表"导出"中选择"HTML 和图像"，并确保选中了复选框"包括无切片区域"，且没有选中复选框"仅限当前页"。

第13课 改进工作流程

课程概述

Fireworks 充满了节省时间的途径。从批处理和自定义命令到内置功能和 Adobe Bridge 集成，都有很多加快项目工作流程的方法。

在本课中，读者将学习如下内容：

- 使用文档模板；
- 对任务进行批处理；
- 使用 Adobe Bridge 查找和处理文件；
- 在文件中添加项目信息；
- 添加 Photoshop 动态效果；
- 自定义快捷键。

 　学习本课需要大约 120 分钟。如果还没有将文件夹 Lesson13 复制到硬盘中为本书创建的 Lessons 文件夹中，那么现在就要复制。在学习本课的过程中，会覆盖初始文件；如果需要恢复初始文件，只需从配套光盘中再次复制它们即可。

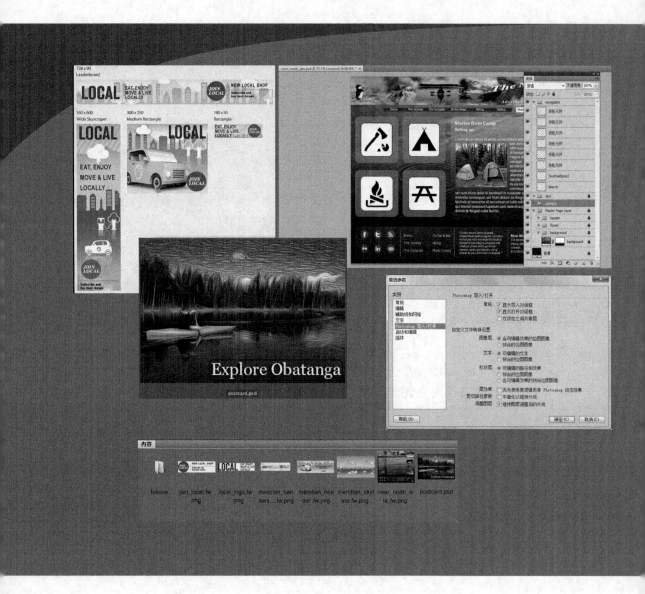

Fireworks 旨在使用尽可能短的时间专业地完成任务。

使用文档模板

很多设计人员喜欢使用 Fireworks，因为这让他们能够快速完成任务。提高工作流程的速度是 Fireworks 重要目标之一。

在概念和原型阶段，一项可能有帮助的功能是文档模板。Fireworks 自带了很多预置模板，用户可使用它们创建新项目。可供使用的模板包括 Web 和移动项目常用的文档大小、用于创建原始网页布局和模型的网格布局，以及 iPad、iPhone 应用线框图和网页原型示例。下面使用一个模板快速生成一系列宣传网站的横幅广告。

打开文档模板

下面使用一些素材创建一系列横幅广告，这是了解文档模板如何节省时间的绝佳机会。

1. 选择菜单"文件">"通过模板新建"或在欢迎界面中单击"基于模板的文档"，如图 13.1 所示，这将打开"通过模板新建"对话框并切换到文件夹 Templates，。

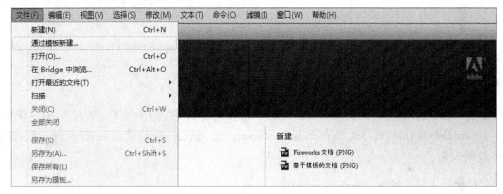

图13.1

用户可从 5 个默认文件夹中选择一个。

2. 打开文件夹 Document Presets，并选择模板 Web banners。这将打开一个无标题的文档，包含 4 个常用的横幅广告尺寸，如图 13.2 所示。

至此，该模板已为读者节省了时间，因为读者不需要调查横幅广告的尺寸并创建横幅广告文件。

3. 除了图层 728 × 90 以外，锁定所有图层，如图 13.3 所示。

组织广告

主图像已创建好，并存储在单独的文件中，下面将以各种方式使用它们以创建独特的横幅广告。

接着将引领读者制作通栏广告（Leaderboard）和摩天大楼（skyscraper）广告。这两个广告的最终版本都可在文件夹 Lesson 12 中找到，制作这些广告时可参考它们。

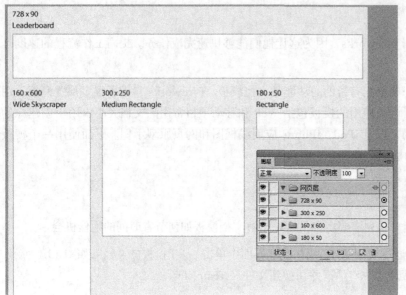

图13.2

图13.3

制作通栏广告

使用"导入"命令加快工作流程的速度。

1. 选择菜单"文件">"导入"（在 Windows 中，快捷键为 Ctrl+R；在 Mac 中，快捷键为 Command+R），再选择文件 meridian_header.png。这是一个拼合的 PNG 文件，没有特殊图层或效果。

此时自动显示预览窗口。

2. 单击"导入"按钮（Windows）或"打开"按钮（Windows），再单击"打开"按钮，然后将导入图标放在横幅广告矩形的左上角。

3. 单击以原始大小导入该图像，如图 13.4 所示。在 Mac 中，可能需要先单击以先选择文档窗口。

图13.4

4. 按住 Ctrl 或 Command 键并按下箭头键一次，图像将移到横幅广告矩形的后面。

5. 选择指针工具并单击横幅广告矩形。

6. 使用快捷键 Ctrl+X 或 Command+X 剪切该矩形。

7. 选择图像，再选择菜单"编辑" > "粘贴为蒙版"，这将把横幅广告矩形用作蒙版，使得只有位于该矩形内的图像部分可见。

8. 在图层面板中，选择该图像而不是其蒙版。

9. 在画布中，使用蓝色控制手柄调整图像在蒙版中的位置，该图像（不是其蒙版）最终 x 和 y 坐标应分别为 –206 像素和 32 像素。调整图像位置时，不要使用属性面板，而使用图像的控制手柄。如果使用属性面板，蒙版和图像将一起移动。

10. 在属性面板中，将该图像的不透明度降低至 50%。

11. 将该文件存储为 meridian_banners_working.fw.png。

添加 Logo 和 Call to action（吸引用户采取行动的）元素

添加背景图像后，该添加 Logo 和 Call to action 元素了。

1. 选择菜单"文件" > "导入"，再打开文件 local_logo.fw.png。

2. 在画布上单击以原始大小导入该图像。

该文件由几个组合对象组成：1 个 Logo 和 3 个文本对象。

3. 调整该图像的位置，使其 x 和 y 坐标分别为 30 和 75 像素，如图 13.5 所示。

4. 以原始大小导入文件 join_local.fw.png，并将其放在 x 和 y 坐标分别为 490 和 62 的位置，如图 13.6 所示。

图13.5

图13.6

5. 锁定图层并保存所做的工作，如图 13.7 所示。

图13.7

创建摩天大楼式横幅广告

下面在图层 160×600 Wide Skyscraper 中添加摩天大楼式广告的内容。

1. 解锁并选择图层 160×600。图层上的内容被组合起来了，必须先取消组合，才能将横幅矩形作为蒙版使用。

2. 在图层面板上选择组合，并选择菜单"修改">"取消组合"。

3. 导入文件 meridian_skyline.png，并将其放在摩天大楼式矩形的左上角。

Fw | 提示：也可以隐藏图层300×250，以便处理垂直的摩天大楼式横幅广告。

4. 按住 Ctrl 或 Command 键并按下箭头键 1 次。

5. 选择并剪切横幅广告矩形。

6. 选择图像，再选择菜单"编辑">"粘贴为蒙版"。

7. 在图层面板中，选择该图像而不是其蒙版。

将对象放到蒙版范围内的另一种方法是断开它们之间的链接。这样就可以使用属性面板来调整对象的位置，可以在像素水平上进行控制。

8. 在图层面板中，通过单击图像和蒙版之间的链接图标来断开它们之间的链接，然后选择图像。

9. 在属性面板中，将图像的 x 和 y 坐标分别设置为 –1118 和 –79 像素，如图 13.8 所示。

10. 单击图像和蒙版之间的缩略图标，重新链接它们。

11. 以原始大小导入文件 local_logo.fw.png。

12. 将其放在 x 和 y 坐标分别为 22 像素和 70 像素的位置。文本将位于横幅广告外面，如果没有隐藏横幅 300x250，文本会被横幅矩形挡住。需要将 Logo 取消组合，以便能够将文本放在广告的下半部分。

13. 使用指针工具选择该 Logo，然后使用快捷键 Ctrl+Shift+G 或 Command+ Shift+G。这些对象将取消组合，但仍被选中。

图13.8

14. 在画布外面单击以取消选择这些对象，然后按住 Shift 键并单击 3 个文本块以选择它们，如图 13.9 所示。

15. 使用指针工具将这些文本拖曳到 Logo 下面，它们最终的 x 和 y 坐标应为 22 和 203。现在文本位于正确的位置，但太小了。下面调整文本的大小。

16. 在仍选择了这 3 个文本块的情况下，在属性面板中将文本大小改为 24 像素。这将导致 3 个文本块彼此重叠，但不用担心。

17. 打开对齐面板，在"间距"部分，将其值设置为 2，然后单击"垂直距离相同"按钮，如图 13.10 所示。

文本之间的间距相同且不再重叠。

18. 在第 1 个文本块中双击，并使用符号"&"替换逗号。

19. 保存文件，结果如图 13.11 所示。

图13.9

图13.10

图13.11

> **Fw** 注意：Fireworks CS6 的新模板中，有一个位于文件夹 Wireframe 的 Miscellaneous Assets.png，包含 30 个可用于网页、Google、智能手机或平板设备的不同元件，还有许多诸如条形图表、电子数据表、滚动条、图像滑块、表单控件，甚至日历的线框素材。所有素材都位于一个页面上的独立锁定图层。

编辑组中的对象

下面像前面那样处理 Call to action 文件，但与处理 Logo 时一样，导入该文件后将对其进行定制。

接下来将使用部分选定工具编辑组中的对象，而无需取消组合。

1. 向下滚动到广告底部。

2. 导入文件 join_local.fw.png，并将其放在广告底部附近。

3. 选择部分选定工具，单击字母 JOIN LOCAL 后面的灰色圆圈。该圆圈是位图图形而非矢量图形。可使用矢量图形替换它，但这里只需进行简单的颜色修改，因此只编辑该位图的动态属性。

4. 从属性面板可知，该圆圈添加了 Photoshop 动态效果。单击动态滤镜名旁边的图标 i，如图 13.12 所示。这将出现"Photoshop 动态效果"对话框。

图13.12

5. 通过单击"颜色叠加"选择该选项。

6. 单击主窗口中的颜色框，并选择一种亮红色来代替当前使用的灰色，然后单击"确定"按钮，如图 13.13 所示。圆圈变成了红色。

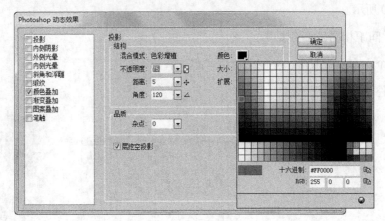

图13.13

7. 按住 Shift 键并单击文本 JOIN LOCAL，以同时选择画布上的该文本和圆圈。

8. 在属性面板中，将 x 和 y 坐标分别改为 24 和 700。

9. 在仍选择了部分选定工具的情况下，在圆圈旁边的文本块中双击，然后在第一行文本中三击以选择这行文本。

10. 按 Delete 键。确保删除后不要在文本块区域留下空白行。

11. 在文本外面单击，再确保选择了部分选定工具。再次单击该文本块，然后调整其位置使其位于红线下方。

12. 按住 Shift 键并单击以选择两条红线和前一步调整的文本块，再调整这 3 个对象的位置，使其 x 和 y 坐标分别为 14 和 760，如图 13.14 所示。

13. 最后，选择水平红线，并在属性面板中将其宽度改为 150 像素。

14. 保存文件。

另外，请研究文件 meridian-bannes_final.fw.png，看看是否能够复制这些广告。

15. 保存并关闭文件。

图13.14

使用 Adobe Bridge

在本练习中，读者将开发网站 Near North 的图像部分，但将从另一个应用程序开始，那就是 Adobe Bridge。

Adobe Bridge 让用户能够查看和排列图像，并在 Fireworks 中打开它们，从而节省大量的时间。另外，通过使用 Bridge 中的元数据面板，还可给有些类型的图像（如 JPEG 文件或 Fireworks PNG 文件）添加信息。如果购买的是 Adobe CS6 套件，安装 Adobe Bridge 时也将安装 Fireworks，并将 Fireworks 自动关联到 Bridge。还可将 Bridge 与其他 Adobe 应用程序（如 Photoshop、Illustrator、InDesign 和 Flash）结合起来使用。

1. 在 Fireworks 中，选择菜单"文件" > "在 Bridge 中浏览"，如图 13.15 所示。

2. 启动 Bridge 后，从工作区切换器中选择"胶片"，如图 13.16 所示。

图13.15

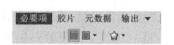

图13.16

与其他 Adobe 应用程序一样，Bridge 也有很多预置的工作区供用户使用，用户还可创建自定义工作区并根据自己的工作流程排列面板。就本课要完成的工作而言，"胶片"工作区最合适，因为这样同时看到图像的缩览图以及选定图像的大型预览。

3. 单击 Bridge 用户界面左边的"文件夹"标签。

4. 在文件夹面板中，切换到文件夹 Lesson13，如图 13.17 所示。

图13.17

在 Bridge 窗口底部的内容面板中，将看到文件夹 fullsize 和几个 PNG 文件，如图 13.18 所示。

图13.18

> **Fw** 注意：如果用户只购买了 Fireworks，将不包括 Adobe Bridge。是这种情况，可以跳过批处理的练习。

对图像进行批处理

客户想要有一系列风景图片可供访问者的手机、平板或电脑做壁纸。接下来要生成作为壁纸预览图的缩略图像。首先来看一下图像。

1. 在 Adobe Bridge 中，确保文件夹 Lesson13 被选中。注意到一个文件夹 fullsize。

2. 在内容面板中，双击文件夹 fullsize，内容面板将显示 10 幅图像，如图 13.19 所示。

图13.19

3. 选择任何一幅图像，将显示其大型预览。

4. 将光标指向第一幅图像的缩览图，过一段时间后将显示其文件属性，如图 13.20 所示。对制作打印件而言，该文件的尺寸很合适，但就用于网页而言，这太大了。

当前，提供的所有图像都是高分辨率的，其尺寸比缩览图要求的大得多。读者可使用 Fireworks 导入每个文件，但这既繁琐又耗时。

另外，还需要用于最终网页设计（而不仅是原型）的缩览图图像。需要一种能够快速、轻松地对图像进行大小调整、优化和重命名的方法。

图13.20

使用批处理可自动完成对图像进行大小调整、优化甚至重命名的工作。

Fw 提示：通过拖曳 Bridge 窗口底部的滑块，可调整内容面板上的缩略图大小，如图 13.21 所示。

图13.21

Fw 注意：如果没有看到文件属性，可以选择菜单"编辑">"首选参数"（Windows）或"Bridge">"首选参数"（Mac），再在对话框中单击"缩览图"，并选中复选框"显示工具提示"。

没有Bridge？也可以进行批处理

"批处理"是Fireworks自带的命令，因此不需要安装Bridge就可使用它。在Fireworks中，可通过以下步骤使用批处理。

1. 选择菜单"文件">"批处理"。

2. 找到文件夹 Lesson13 中的文件夹 fullsize。

3. 单击"添加全部"。

5. 单击第 1 个缩览图，再按住 Shift 键并单击最后一个缩览图，将选择全部 10 个文件，如图 13.22 所示。

图13.22

6. 选择菜单"工具">"Fireworks">"批处理"，如图 13.23 所示。

打开"批次"对话框，所有选定的图像都将出现在对话框底部的列表中，如图 13.24 所示。

图13.23

图13.24

7. 单击"继续"按钮。

8. 单击左边列表中的"缩放"，再单击"添加"按钮将其加入到右边的列表中；对"重命名"和"导出"重复该操作，如图 13.25 所示。

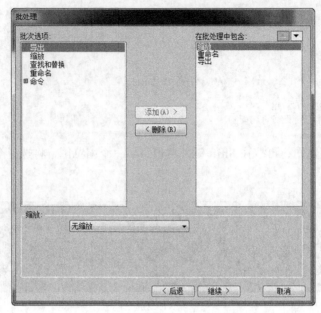

图13.25

这些是要对图像运行的批处理命令，它们将按在列表中出现的顺序执行。列表中的每个命令都有可编辑的属性，下面将针对该项目对它们进行定制。

9. 选择右边列表中的"缩放"命令，再从对话框底部的下拉列表中选择"缩放到匹配区域"。

10. 将最宽和最高都设置为 125 像素，如图 13.26 所示。

11. 选择右边列表中的"重命名"命令，再选中对话框底部的复选框"替换"。

图13.26

12. 在第 1 个文本框中输入 DSC。

13. 在文本框"为"中输入 wallpaper。

14. 选中复选框"添加前缀"，并在相应的文本框中输入 thmb_，如图 13.27 所示。

15. 选择右边列表中的"导出"命令。

16. 从下拉列表"设置"中选择"JPEG– 较高品质"，如图 13.28 所示，再单击"继续"按钮。

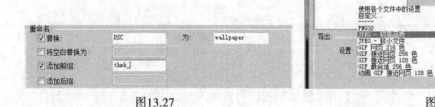

图13.27   图13.28

17. 选中单选按钮"自定义位置"，并切换到文件夹 Lesson13。

18. 新建一个名为 thumbnails 的文件夹，如图 13.29 所示。如果需要，打开该文件夹。

19. 单击"选择'thumbnails'"（Windows）或"选择"（Mac）按钮，如图 12.35 所示。

20. 单击"批次"按钮，如图 13.30 所示。

图13.29

图13.30

Fireworks 将开始处理图像并显示一个进度框。

Fireworks 完成指定的工作后，将指出这一点，还可单击"确定"按钮关闭进度框，如图 13.31 所示。

只需执行几个简短的操作，便可一次性地对 10 幅图像进行缩放、重命名和导出。新图像存储在刚创建的文件夹 thumbnails 中。

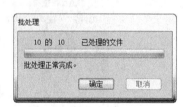

图13.31

 提示：如果用户未来需要再次使用该批处理步骤，可单击"保存脚本"按钮将其保存为脚本。任何时候都可在命令菜单中使用该自定义命令。

导出特定的区域

改进工作流程，也意味着要懂得如何高效工作而无需在质量上偷工减料。

Near North Adventures 的客户想知道修改字体后的横幅广告是什么样的，并要求只检查网站的横幅广告。

在不修改布局的情况下，可导出页面的特定区域。

1. 打开文件 near_north_site.fw.png。

2. 从工具面板中选择隐藏在裁剪工具后面的导出区域工具,如图 13.32 所示。

图13.32

3. 绘制一个覆盖整个横幅广告区域的裁剪框,如图 13.33 所示。

图13.33

4. 在裁剪框内部双击。

裁剪区域将出现在"图像预览"对话框中。

5. 将"格式"设置为 JPEG,将"品质"设置为 70。在"图像预览"对话框中,可单击并拖曳预览来移动它,这让用户能够查看选择的格式带来的影响,如图 13.34 所示。

图13.34

6. 单击"导出"按钮,这将打开"导出"对话框。

7. 切换到文件夹 Lesson13,并将文件名改为 nn_banner。

8. 从对话框底部的"导出"(Windows)或"类型"(Mac)下拉列表中选择"仅图像"。

9. 确保从下拉列表"切片"中选择了"无"。可
能出现一个警告框,指出将忽略切片,如图
13.35 所示。如果出现这样的警告框,单击"确
定"按钮即可。

在这里,如果只想导出裁剪的区域,那么则保留
其他设置不变。

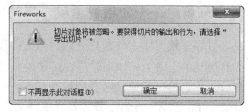

图13.35

10. 单击"保存"(Windows)或"导出"(Mac)按钮,如图 13.36 所示,Fireworks 将以 JPEG
格式导出裁剪区域,可在 Bridge 中查看该文件。

图13.36

11. 在 Fireworks 中,选择菜单"文件">"在 Bridge 中浏览",并切换到文件夹 Lesson13。

将看到裁剪区域(横幅广告)被导出为一个独立 JPEG 文件,如图 13.37 所示,可通过电子邮
件发送给客户以便提供反馈意见。

图13.37

为未来着想——让项目适应未来的发展

在很多情况下，并非只有用户与文件和项目打交道，甚至不仅会在 Fireworks 中打开它，它可能有更长的生命力。如果希望确保这些文件和项目能够访问并正确地被理解，且在 Photoshop 中打开时，它们将正确地显示且使行为尽可能地可被预测，让工作成果适应未来的一个关键工作流程，使原始 Fireworks PNG 文件中包含元数据。

元数据是有关数字文件的信息，这些信息对于组织和查找项目及其素材或在设计小组之间共享信息很有帮助。Adobe XMP（eXtensible Metadata Platform，可扩展的元数据平台）格式让用户能够在 PNG、GIF、JPEG、TIFF 和 Photoshop PSD 文件中添加信息。诸如作者、版权、关键字、联系信息甚至作业历史记录等数据都可在 Adobe 应用程序之间共享和更新。

添加元数据

可使用 Bridge 来添加元数据，但在 Fireworks 中完成这样的工作也很容易。

1. 文件 near_north_site.fw.png 仍处于打开状态，选择菜单"文件">"文件信息"，这将打开 XMP 数据窗口，如图 13.38 所示。

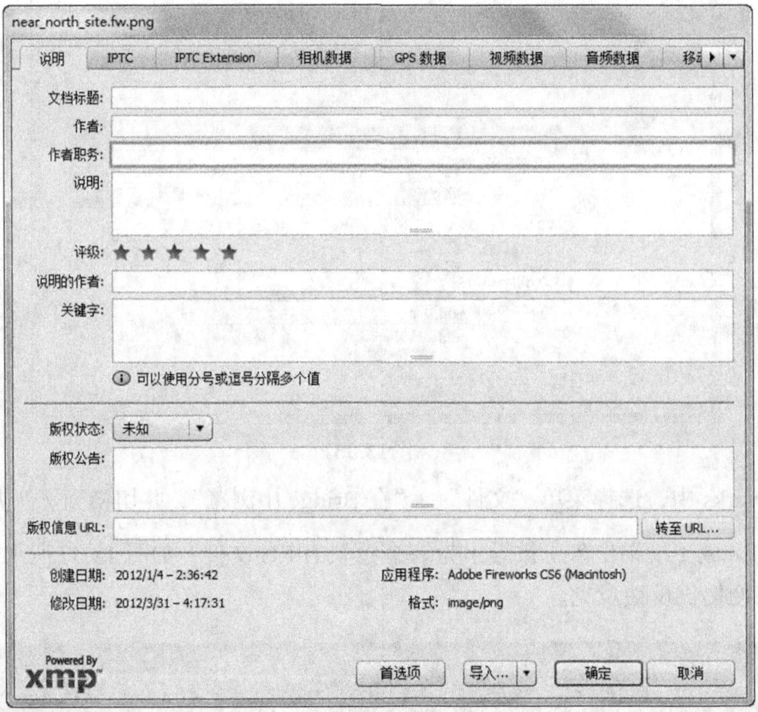

图13.38

根据当前处理的文件，图像可能已经包含元数据；使用数码相机拍摄的照片很可能如此。就这个文件而言，还没有任何元数据，但用户将改变它。

2. 在"说明"选项卡中，添加如图 13.39 所示的信息。

图13.39

3. 单击标签"IPTC"，添加详细联系信息，单击对话框底部的日历以设定创建时间，如图 13.40 所示。

图13.40

4. 单击"确定"按钮。

这些数据将随该Fireworks PNG文件一起存储。如果将其导出为JPEG、GIF或拼合的PNG文件，将自动删除这些数据以缩小 Web 图像文件（默认情况下，元数据很容易让文件增大 10KB，即使并没有在每个字段中都输入数据）。

创建元数据模板

可将添加元数据的工作自动化，方法是创建一个元数据模板。通过使用模板，可提高给项目文件添加通用信息（如贵公司的联系信息）的速度。

1. 再次选择菜单"文件">"文件信息"。

2. 将"说明"选项卡中随项目而异的信息删除，如关键字和说明。

3. 单击对话框底部的"导入"按钮（按钮"确定"和"取消"的左边），并从出现的下拉列表中选择"导出"。在该下拉列表中，用户能够选择导入、导出、浏览元数据模板文件夹或应用现有的元数据模板，如图 13.41 所示。

图13.41

这将打开"导出"对话框（ Windows ）或"保存"对话框（ Mac ），并指向一个文件夹，所有自定义模板都必须保存在这里。

4. 将文件命名为 fire_designs.xmp，如图 13.42 所示。

图13.42

5. 单击"保存"按钮，然后单击"确定"或"取消"按钮关闭 XMP 数据窗口。

以后在制作新设计时，可选择菜单"文件">"文件信息"，再使用"导入"将这个自定义元数据模板（或其他模板）导入到文件中。

在 Photoshop 中使用 Fireworks 文件

Fireworks 和 Photoshop 是一个较为全面的集成关系。如果需要将 Fireworks 应用在 Photoshop 中，理解如下 3 个方面将获得最好的效果：Photoshop 动态效果、将文件存储为 Photoshop 格式的最优方法和 Photoshop 导出选项。

在 Photoshop 中进行编辑时，很多元素都将得以保留。在 Fireworks 中，将文件保存为 PSD 格式时，文本、图层、图层组、使用 Photoshop 动态效果、纯色或很多渐变填充的矢量形状以及带蒙版的对象都将得以保留。

俗话说，凡事预则立。如下几点也要牢记。

• Photoshop 不使用 Fireworks 的多页面功能，所以保存 Fireworks 文件为 PSD 时，只有当前活动页面被保存。

• 尽管元件及组合对象本是矢量对象，也会被拼合成位图对象。理想的做法是，取消所有组合对象，将元件拆散为小零件，以保留其可编辑性。

• Web 对象（热点和切片）将被忽略。

• 状态将被忽略。

Photoshop动态效果是什么

Photoshop动态效果是在Fireworks中可应用于对象的视觉效果，它们是可编辑的。在Photoshop中，通过图层样式支持这种效果。在Fireworks中打开PSD文件时，Fireworks以Photoshop动态效果的方式保留图层样式。

Fireworks中的"Photoshop动态效果"对话框的功能没有Photoshop中相应的对话框那么强大，但如果用户或其他人需要在Photoshop中编辑文件，通过使用这些动态效果而不是Fireworks本机动态滤镜，可确保Photoshop支持应用的效果。

如果在工作流程中不会用到Photoshop，应尽可能使用Fireworks动态滤镜或任何第3方滤镜。

Fireworks CS6和Photoshop CS6紧密集成

Fireworks CS6和Photoshop CS6在很多方面紧密地集成在一起。现在，Fireworks中的色相、饱和度、颜色混合模式和色相/饱和度滤镜使用的算法与Photoshop一样，以改善颜色的逼真度和外观。导入PSD图像时，用户可拼合Photoshop调整图层，这项功能可在"首选参数"中设置。这将维持调整图层的原样，而不允许Fireworks剔除显示效果。

从Photoshop中导入以下的可编辑渐变到Fireworks中，将得到接近完美的匹配。

- 线性到线性
- 径向到径向
- 对称到条状

从Photoshop中导入以下的可编辑渐变到Fireworks中，将得到大致的匹配。

- 菱形到矩形
- 角度到圆锥形

同样，从Fireworks将可编辑的渐变导入为Photoshop PSD文件时，也将得到接近完美的匹配。

- 线性到线性
- 径向到径向
- 条状到对称

从Fireworks中导入以下的可编辑渐变到Photoshop，将得到大致的匹配。

- 矩形到菱形
- 圆锥形到角度
- 椭圆形到径向
- 波纹到径向

导入以下的可编辑渐变到Photoshop，将只能得到粗略的匹配。

- 星状放射到形状渐变
- 轮廓、缎纹、波浪到线性

将文件保存为 PSD 格式

如果需要在 Photoshop 中做进一步的编辑，且希望尽可能多地保留可编辑性，务必将一个复制文件保存为 Photoshop PSD 格式。在 Photoshop 打开 Fireworks PNG 文件会将文件拼合为一个图层。

1. 选择页面 campsite。

2. 选择菜单"文件">"另存为"，切换到文件夹 Lesson13，从下拉列表"另存为类型"（或"另存为")中选择 Photoshop PSD,下拉列表的名称将变为"副本另存为",如图 13.43 所示。

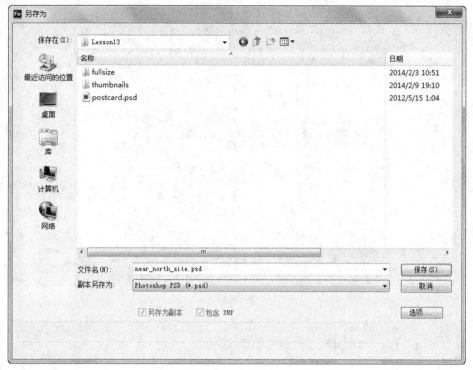

图13.43

3. 单击"选项"按钮。

4. 为尽可能保留可编辑性,选择"维持可编辑性优先于外观",如图 13.44 所示。

5. 单击"确定"按钮接受指定的设置,然后单击"保存"将文件保存。

如果在 Photoshop 中打开该文件,将发现它与原始 Fireworks 设计非常相似,但仔细深入图层会发现,组合对象和元件对象被拼合了,如图 13.45 所示。

图13.44

定制Photoshop导出选项

虽然保留可编辑性最大限度地提高了文件在Photoshop中打开后的灵活性,但也可能丢失某些效果和功能。如果对象的外观比可编辑性更重要,可单击"另存为"对话框上的"选项"按钮定制Photoshop导出选项。

图13.45

Photoshop和Fireworks通用的动态滤镜

Photoshop支持一些Fireworks动态滤镜，这些滤镜表现为标准的Photoshop图层样式。

在Fireworks中，可添加Photoshop动态效果；如果这些效果是在Photoshop中以图层样式添加的，Fireworks能够支持（可编辑）或保留（只能在Photoshop中编辑）它们。

下面是Photoshop和Fireworks都能够支持或保留的动态滤镜。

- 投影、内侧阴影。
- 光晕、内侧光晕。
- 斜面和浮雕。

打开 Photoshop 文件

将 Fireworks 文档保存为 Photoshop PSD 文件的反面，就是在 Firrworks 中打开 Photoshop 文件。

有一张在 Photoshop CS6 中创建的明信片插图，带有新的油画效果。为了视觉冲击力，使用调整图层为其添加了额外的饱和度。

该插图将应用于 Web 页面，而在 Photoshop 中优化时，文件尺寸仍太大。那么设计师该怎么做呢？

Fireworks 优化引擎通常能创建出尺寸比 Photoshop 优化结果小 30% ～ 50% 的 JPEG 文件。该明信片文件已经移交到用户手上进行最终优化，但本练习主要的关注点在于 Fireworks 如何精确地打开该文件。

1. 选择菜单"文件"＞"在 Bridge 中浏览"，切换到文件夹 Lesson13。

2. 选择文件 postcard.psd。注意到明信片上由调整图层创建的丰富色彩，如图 13.46 所示。

图13.46

3. 选择菜单"文件"＞"打开方式"＞"Fireworks CS6"。

此时出现"Photoshop 文件打开选项"对话框。

 提示：记住，如果用户没有 Adobe Bridge，可选择菜单"文件"＞"在 Fireworks 打开"并切换找到文件。

4. 确保选中"维持层的可编辑性优先于外观"，然后单击"确定"按钮，如图 13.47 所示。

5. 打开文件后，留意图层面板，如图 13.48 所示。

图像就像在 Photoshop 里那样打开了，但没有调整图层效果。文件打开时，Fireworks 自动剔除了调整图层。图像看起来还不错，但事实上并不是 Photoshop 设计师创建的样子。

6. 使用指针工具选中文本区域。注意到属性面板上出现了文本属性，且使用了 Fireworks 版本的 Photoshop 动态效果，保留了文本投影效果。

图13.47

文本下层的矢量路径也被保留为真实路径，但填充和笔触设置搞混了。这个问题稍后再处理，现在首先要修改文件打开时的转换设置。

图13.48

7. 关闭文件。

8. 选择菜单"文件" > "打开最近的文件"，选择文件 postcard.psd。

9. 在"Photoshop 文件打开选项"对话框上，将转换设置由"维持层的可编辑性优先于外观"改为"根据首选参数自定义设置"，如图 13.49 所示，并单击"确定"按钮。

这一次，文件看起来更像 Photoshop 版本。如图 13.50 所示的对比，清晰地展示了色彩饱和度的不同。图层面板上还是看不到调整图层，但它的效果已经文件打开时被拼合到图像上了。文本和矢量形状保留可编辑性。

图13.49

图13.50

10. 使用指针工具选中矢量路径。

11. 在属性面板上单击"无填充"按钮，并将笔触色设置为黑色。

12. 将笔触对齐设置为"描边外部对齐"，并选择描边种类为"基本">"柔化线段"。

13. 保存文件为 Fireworks PNG 格式。

> 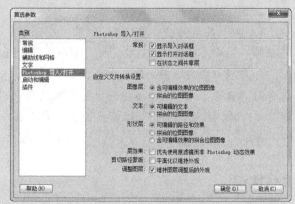 注意：Photoshop 图层复合实际上是图像当前状态的可编辑快照，与 Fireworks 中的页面相似，每个图层复合可以显示一组不同的可见元素或这些元素的不同位置。

Photoshop和Fireworks都支持的混合模式

混合模式可应用于对象或层。应用混合模式时，将把对象的颜色和不透明度与该对象下面的对象混合。Fireworks包含46种混合模式，其中一些是Photoshop和Fireworks都支持的（总共23种）。如果将下述列表中的混合模式应用于对象或层，该混合模式在这两个应用程序中都将保留且是可编辑的。

正常溶解变暗	强光亮光线性光
色彩增殖（正片叠底）颜色加深线性加深	点光实色混合差异
变亮屏幕（滤色）颜色减淡	排除色相饱和度
线性减淡叠加柔光	颜色发光度（明度）

打开和导入Photoshop文件

要在Fireworks中打开包含多个图层的Photoshop文件，只需选择菜单"文件">"打开"或"文件">"导入"，并找到Photoshop PSD文件。Fireworks CS6支持Photoshop的图层结构、图层组、图层样式、图层复合、矢量图层以及常用的混合模式，这让用户可以轻松地处理来自其他设计师的文件。

Fireworks不支持调整图层和剪切组。在Fireworks中导入或打开PSD文件时，可将调整图层和剪切组的效果拼合到位图中，也可以忽略它们。拼合可保留外观，但这些效果不再可编辑。

要全面定制Fireworks打开或导入Photoshop文件的方式，可修改首选参数。为此，选择菜单"编辑">"首选参数"（Windows）或"Fireworks">"首选参数"（Mac），然后从左边的列表中选择"Photoshop导入/打开"，如图13.51所示。

图13.51

常规Photoshop导入选项如下所示。

- 显示导入对话框 / 显示打开对话框：这两个对话框一样，让用户能够在导入或打开文档时控制文档级属性。
- 在状态之间共享层：这对于包含动画或"页面状态"效果的文档很重要。

自定义文件转换设置包括以下选项，按其类型组织列出。

图像层

- 含可编辑效果的位图图像：该选项是默认设置，提供了最大的灵活性。保留图层样式的可编辑性。
- 拼合的位图图像：该选项将拼合图层效果和混合模式以保持准确的外观。Photoshop图层样式将不再可编辑。

文本

- 可编辑的文本：该选项是默认设置。
- 拼合的位图图像：该选项将保留文本的外观和样式，但文本不再可编辑。

形状层

- 可编辑的路径和效果：这是默认选项，提供了最大的灵活性，但可能不能像在Photoshop中那样精确渲染矢量图像。
- 拼合的位图图像：选中该选项时，矢量和效果都将栅格化为位图图像。
- 含可编辑效果的拼合位图图像：选中该选项时，将栅格化矢量图像，但图层效果和混合模式保持可编辑。

层效果

- 优先使用原滤镜而非Photoshop动态效果：仅当文件不再返回到Photoshop时，才建议选中该选项。

剪切路径蒙版

- 平面化以维持外观：选中该选项时，剪切路径蒙版将转换为位图蒙版。

调整图层

- 维持图层调整后的外观：该选项拼合调整图层以维持图像外观，但图像不再可编辑。如果没有选中该选项，将完全丢弃调整图层。

如果保留这些选项的默认设置，则打开或导入PSD文件时，将显示"Photoshop文件打开选项"或"Photoshop文件导入选项"对话框。这让您能够在打开特定的PSD文件时，设置选项以覆盖在首选参数中设置的所有选项。

自定义快捷键

Fireworks本身预设了一套键盘快捷键，其中有一些与Adobe其他应用程序一致。在这个练习中，读者将学习如何替换掉 Fireworks 的快捷键，以及如何创建自定义快捷键。

如果读者熟悉 Photoshop，想在 Fireworks 中使用与 Photoshop 同样的快捷键，可按以下步骤轻松切换。

1. 选择菜单"编辑" > "快捷键"（Windows）或"Fireworks" > "快捷键"（Mac）。

有趣的是，Fireworks 中的默认快捷键使用的是 Web Standard 设置，如图 13.52 所示。

2. 在"当前设置"下拉菜单上选择"Photoshop"，如图 13.53 所示。

图13.52

图13.53

3. 单击"确定"按钮。

创建自定义快捷键及辅助快捷键

如上所述，用户可从预装的设置中创建自定义快捷键，还可创建辅助快捷键以便以不同方式执行同一动作。

快捷键（命令菜单除外）不能包含修正键：Control 键、Shift 键、Alt 键（Windows）或 Command 键、Option 键、Control（Mac），必须是一个字母键或数字键。

1. 选择菜单"编辑" > "快捷键"（Windows）或"Fireworks" > "快捷键"（Mac）。

2. 选择"Photoshop"设置。

3. 单击"重制设置"按钮，如图 13.54 所示。用户不能编辑快捷键主版本，但可以编辑它的复制文件。

4. 为自定义设置输入一个名称，然后单击"确定"按钮。笔者将新版本命名

图13.54

为 Photoshop Custom，如图 13.55 所示。

图13.55

5. 在命令菜单内选择适当的快捷键类型。

菜单命令：任何从菜单栏进入的命令。

工具：工具面板上任何工具。

其他：其他预设的行为。

6. 在菜单命令列表，从子菜单"编辑"里选择"重制"命令，它当前没有快捷键。

7. 在"按键"框内单击，并在键盘上按要使用的快捷键操作。笔者在自己的 Mac 上设定了 Command+D 为快捷键，如图 13.56 所示。如果选择的快捷键组合已存在，Fireworks 会弹出提示，要求重新设定快捷键。

要在快捷键列表里添加辅助的快捷键，单击"添加一个新的快捷键"按钮（＋）即可。否则，直接单击"更改"即可应用快捷键。

图13.56

删除自定义快捷键和快捷键设置

用户可按以下步骤轻易删除自定义快捷键设置。

1. 选择菜单"编辑"＞"快捷键"（Windows）或"Fireworks"＞"快捷键"（Mac）。

2. 单击"删除设置"（垃圾桶图标）。

3. 选择一个快捷键设置。

4. 单击"删除"按钮。

要删除自定义快捷键，可按如下步骤。

1. 在命令列表上，选择一个命令。

2. 在快捷键列表上，选择要删除的自定义快捷键。

3. 单击"删除所选快捷键"按钮（﹣）。

为当前快捷键设置创建参考表单

    用户可将当前快捷键设置导出为HTML表格式，作为参考表。可在Web浏览器中查看参考表或将其列印出来。

1. 选择菜单"编辑" > "快捷键"（Windows）或"Fireworks" > "快捷键"（Mac）。

2. 单击"当前设置"框旁边的"导出设置为 HTML"按钮。

3. 输入参考表名称，并选择文件存储位置。

4. 单击"保存"按钮。

复习

复习题

1. 如何从 Fireworks 访问 Bridge？

2. 在 Bridge 中，如何对文件进行批处理？

3. 如何裁剪设计中的位图对象？

4. 如何给 Fireworks PNG 文件添加元数据？为什么要这样做？

5. 将文件保存为 Photoshop 格式时，如何定制导出选项？

6. 文档模板如何节省时间？

复习题答案

1. 要在 Fireworks 中访问 Bridge，选择菜单"文件" > "在 Bridge 中浏览"。

2. 要在 Bridge 中处理多个文件，在内容面板中选择这些文件，再选择菜单"工具" > "Fireworks" > "批处理"。

3. 选择位图对象，再选择菜单"编辑" > "裁剪所选位图"，然后根据需要调整裁剪框，再按 Enter 键提交裁剪。

4. 要添加元数据，选择菜单"文件" > "文件信息"。根据要输入的信息类型，选择相应的选项卡，再填写与项目和图像相关的字段。添加元数据有助于组织和查找内容，可添加设计人员或设计公司的联系信息、有关客户的基本信息（如客户名）、项目目标和版权信息等。

5. 要以全局方式定制 Photoshop 导出选项，可使用"首选参数"对话框；将文件另存为 Photoshop PSD 文件时，基于每个图像定制导出选项。

6. 使用文档模板能够快速完成项目的设计和原型阶段，从而节省时间。Grid 模板提供了多种网格结构，可帮助建立框架或网站原型的布局。文件夹 DocumentPresets 中包含很多使用特定尺寸创建的文件，让用户很容易地设计一系列常见尺寸的横幅广告。

第14课 高级主题

课程概述

Fireworks CS6 并不止步于仅创建图形和原型。读者已经知道如何为矢量对象和文本对象导出 CSS 规则。CS6 版本新的功能还有为 jQuery Mobile 站点添加外观（创建外观及视觉效果）。在本课中，读者将学习如下内容：

- 为 jQuery Mobile 站点创建主题；
- 在 Dreamweaver 中自定义及编辑 jQuery 设计；
- 找到并安装 Fireworks 扩展功能。

  学习本课需要大约 60 分钟。如果还没有将文件夹 Lesson14 复制到硬盘中为本书创建的 Lessons 文件夹中，那么现在就要复制。在学习本课的过程中，会覆盖初始文件；如果需要恢复初始文件，只需从配套光盘中再次复制它们即可。

通过阅读本书，可以知道 Fireworks 在工作流程中是不可或缺的，它支持矢量、位图、原型创建、元件、交互性和线框等。在最后一课中，将使用 jQuery Mobile 主题命令，同时学习如何结合 Adobe 其他应用程序以使用 Fireworks。

创建 jQuery Mobile 主题

移动应用程序开发是一个不断壮大的行业。随着 PDA、上网本、平板设备和智能手机变得日益普及，用户希望使用这些设备能够做更多的事情。这需要程序内容，而 jQuery Mobile 框架能帮助开发者创建内容。

jQuery Mobile 框架是一个针对触屏优化的 JavaScript/CSS 框架，可快速为移动设备建立网站，如图 14.1 所示。jQuery Mobile 专为智能手机和平板设备设计，可用于大多数现代化平台，如台式电脑、智能手机、平板电脑和电子阅读器设备。该框架包含 Web 特有的控制，如按钮、滚动条和列表元素等。

图14.1

jQuery Mobile 专为移动设备做了优化，只提供极少量的 Web 内容图形。较新的 CSS3 渐变功能用以填充，CSS3 边界半径标记用于调整按钮边角圆度。如果用户需要实现仅用于移动设备的 Web 项目，这就是考虑使用 jQuery Mobile 的一个重要原因，因为它能减少下载次数和带宽消耗。

在 Dreamweaver 中使用 jQuery Mobile 模板建立移动网站，借用了该框架提供的默认主题，包括 5 个显示效果（样本）和一系列 UI 位图图标（sprite 图像）。

Sprite 图像和样本合起来就是主题。该框架允许一个主题内有至多 26 个不同的样本设置。

作为 Fireworks 设计师，为什么要在乎这些呢？因为 Fireworks 提供 jQuery Mobile 主题命令，使创建主题更快速、更简便。

jQuery Mobile 主题命令简介

jQuery Mobile 主题命令是一个简单、易用且可视的为 jQuery Mobile 框架中默认 swatch 和 sprites 更换外观，以及创建自定义样本及图标的方法。Fireworks 也为主题生成所有相关联的 CSS 样式表和所需的 sprite 资源。这节省了大量的时间，因为用户不需要手动编写或编辑 CSS 标记。

在有 jQuery Mobile 主题命令以前，用户在为基于 jQuery 的移动网站创建主题时，必须先手动修改 CSS 样式表。在当时的工作流程中，查看主题在网站中的效果也是一个瓶颈，要么在 Dreamweaver 的"实时视图"下工作；要么在浏览器上查看本地站点预览。对主题显示效果的微调，在修改 Web 页面代码和在浏览器上预览页面或是切换"实时视图"模式切换，可能会花费大量时间。

Fireworks 的 jQuery Mobile 主题命令能节省用户的时间，因为用户使用它可以创建或更新 jQuery Mobile 主题，且在 Fireworks 内就能生成 CSS 样式表和 sprite 图像。用户无需手动编辑或创建任何 CSS。应用 CSS 代码到基于 jQuery 的移动设备 Web 页面时，该主题会按用户所预览的样子实实在在地显示。

使用 jQuery Mobile 主题命令打开的模板包含 5 个默认样本（分别在各自的页面上），还有全局通用的 UI 元素、sprite 图像，甚至还有一个说明页面。该模板所有元素分成特定的 jQuery Mobile CSS 类，Fireworks 的页面功能被用作主题的样本。

用户可以导出适当定义的页面作为 jQuery Mobile 样本。不必边做边猜测或反复试验——除非一开始就做了一些特别棘手的设计策划案。

探索 jQuery Mobile 主题模板

jQuery Mobile 主题模板包含用户更换移动项目的外观所需的任何元素，下面来看一看。

1. 选择菜单"命令">"jQuery Mobile 主题">"新建主题"，如图 14.2 所示。

> **Fw** 注意：要了解更多关于 jQuery Mobile 默认主题如何工作的内容，可以参阅
> jQuery Mobile 框架主题文档：http://jquerymobile.com/demos/1.0a4.1/#docs/
> api/themes.html.

打开一个包含 7 个页面的模板，如图 14.3 所示，处于活动状态的第 1 个页面包含 jQuery Mobile 网站所能用上的所有全局资源，包括基于矢量的标准分辨率图标、高分辨率图标、活动状态的按钮样式、圆角半径及链接颜色等。

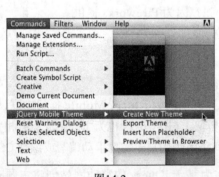

图14.2

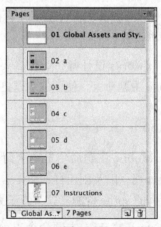

图14.3

2. 单击页面 02 ~ 页面 06，以探索该模板的 5 个默认样本设置，如图 14.4 所示。注意到这几个页面都以字母命名。这些字母（和字母表的另外 21 个字母）在 CSS 和 JavaScript 中的 jQuery Mobile 样本标识。

> **Fw** 提示：如果用户是 jQuery Mobile 新手，整个模板文件也可作为入门参考表，
> 因为文件上 CSS 规则和相应的对象列在一起，学习起来十分便利。

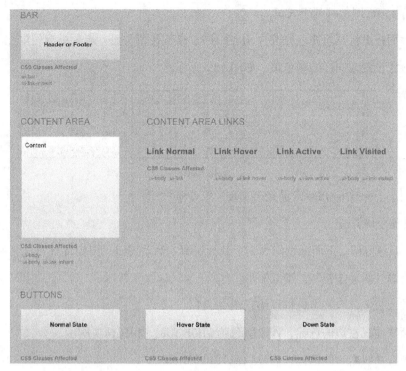

图14.4

 提示：如果用户想要保留默认样本并创建自定义样本设置，只要重制一份已存在的样本页面，以"f"到"z"为其重命名，就可以放开思路来设计样式了。

3. 选择最后一个页面"说明"。该页面提供关于如何导出新主题外观到 Dreamweaver 中使用或用户常用的其他 Web 开发者环境的详尽说明。

创建自定义主题

设计师已经在 Fireworks 中创建了一个移动网站模型，Near North Adventures，如图 14.5 所示。下面以原型为创作灵感，自定义一个模板。

自定义 Sprite 图像

Sprites 图像是 jQuery Mobile 站点常用的位图 UI 元素。由于读者将修改背景颜色和按钮颜色，下面先从自定义主题开始，修改模板页面 01 的 sprite 图像。

1. 找到页面 01 的图层 icons-18-white。

2. 单击图层名以选中画布上所有标准分辨率 sprite 图像。可以看

图14.5

到所有 sprite 图像都基于矢量。

3. 在属性面板上将其填充色修改为 #DFE1F7。该颜色值与设计者的模型较搭配。

4. 将笔触色设置为同样的颜色值，如图 14.6 所示。

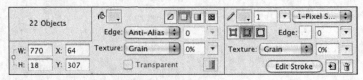

图14.6

5. 选中图层 icons-36-white，重复第 3 步 ~ 第 7 步。

自定义其他全局资源

同样为了颜色协调，下面继续修改 3 个其他资源：活动按钮、图标背景和方框阴影。

1. 选中资源"活动按钮"的渐变矩形。

2. 在属性面板上，单击填色框以编辑渐变。

3. 选中渐变曲线左边的色标，修改颜色为 #B0B2D8，如图 14.7 所示。

4. 选择渐变曲线右边的色标，修改颜色为 #505B93。

5. 单击渐变编辑器以外，以关闭它。

6. 选择资源"图标背景"，修改颜色为 #2D3053。

7. 选择资源"方框阴影"。

8. 在属性面板上单击"投影"滤镜旁边的图标 i，修改阴影填充色为 #32395F，如图 14.8 所示。

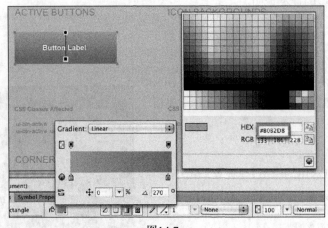

图14.7

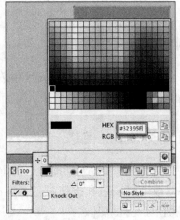

图14.8

3 个资源的效果如图 14.9 所示。

图14.9

自定义样本设置

出于简化的目的，下面自定义样本"a"，以下步骤也可应用于创建新的样本设置。

1. 在页面面板上切换到页面 02。

2. 选中资源"栏"的渐变矩形，如图 14.10 所示。

3. 单击填色框以打开渐变编辑器，将左边的色标设置为 #464C84；将右边的色标为 #151A2E。

图14.10

4. 选中资源"内容区域"的渐变矩形。

5. 单击填色框以打开渐变编辑器，将左边的色标设置为 #AEB1DC，将右边的色标为 #202545。

6. 在按钮"正常的状态"和"光标悬停在上面时的状态"上重复这个操作。前者设置渐变填充左边为 #4F5787，右边为 #2C2F53。后者则设置左边为 #626FB6，右边为 #323764。

至于"按下时的状态"按钮，将使用一个小小的 Fireworks 戏法。这个状态的渐变方式要和"正常的状态"相反。

7. 再次选中"正常的状态"矩形，使用快捷键 Ctrl+C（Windows）或 Commang+C（Mac）将其复制到剪贴板。

8. 选中"按下时的状态"矩形，选择菜单"编辑" > "粘贴属性"。"正常的状态"属性被复制到了"按下时的状态"上。

9. 单击填色框，打开渐变编辑器，单击"反转渐变"图标。

10. 调短渐变控制手柄长度，使渐变终止于"按下的状态"字样下，如图 14.11 所示。

图14.11

11. 保存模板至文件夹 Lesson14，重命名为 nn_jqm.fw.png。

预览所做修改

所有修改都完成了。要看一下它们是否正常，在 Fireworks 中使用 jQuery Mobile 主题预览面板即可。使用该面板可完美审视用户的设计决定，而无需离开 Fireworks 或自己动手生成 HTML 文档。该面板只显示当前活动页面的样本信息。在面板上，用户可刷新以显示新修改的样本设置，导出所有的 sprite 图像，或导出当前样本为 CSS。

1. 选择菜单"窗口" > "扩展功能" > "jQuery Mobile 主题应用程序内预览"，如图 14.12 所示。

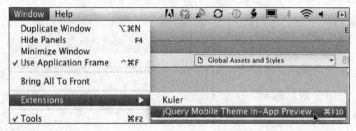

图14.12

Fireworks 打开一个和移动设备大小相当的面板，并在面板内载出当前选中的样本设置为动态 HTML5 文档，如图 14.13 所示。除了超链接文本之外，其他看起来都很好。

2. 如果要对这些修改进行微调或预览，只需要编辑资源并单击"刷新面板"按钮。

3. 要马上在浏览器上同时预览所有主题和 sprite 图像，选择菜单"命令" > "jQuery Mobile 主题" > "在浏览器中预览主题"，如图 14.14 所示。

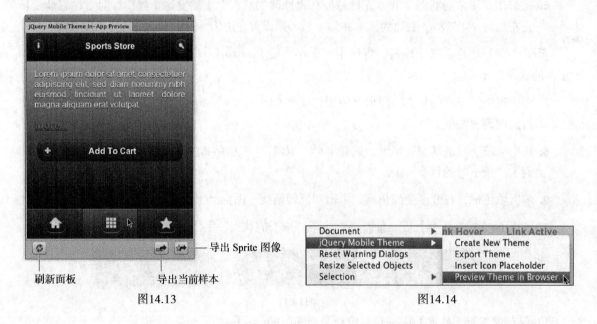

图14.13   图14.14

导出主题

在这个练习中，读者将导出整个主题到一个新文件夹中。

1. 选择菜单"命令" > "jQuery Mobile 主题" > "导出主题"。

2. 弹出"选择文件夹"对话框，切换到桌面，创建新文件夹并命名为 near north。该文件夹将成为读者的 jQuery 项目的根目录文件夹。

3. 打开根目录文件夹，创建新文件夹并命名为 jquery-mobile。

4. 选择新文件夹 jquery-mobile 为导出的目标文件夹。弹出 JavaScript 对话框，要求用户命名 CSS 文件，如图 14.15 所示。

图14.15

5. 命名文件为 near_north_mobile，并单击"确定"按钮。

选择适当的导出工作流

完成了对样本的调整后，要将整个主题或当前样本导出。导出工作流程的选择取决于用户的目的。

• 导出当前样本：在预览面板上使用该按钮，导出单独的样本为 CSS 文件。该 CSS 文件可连同已存在的 CSS 文件被使用。也可复制新 CSS 至已存在的 CSS 文件上，并删除相应样本的旧 CSS 规则对象。例如，要只自定义指定样本的资源"栏"以更新它时，使用本工作流程。

• 导出 Sprite 图像：自定义了 sprite 图像且要更新项目中已存在的 sprite 库时，使用本按钮。

• 导出主题命令：使用菜单"命令" > "jQuery Mobile 主题" > "导出主题"以导出完整的样式表，包含模板内所有的样本及 sprite 图像。如果用户对多个样本进行较显著的修改，或者仅仅是不想混淆多个样式表或进行重复的复制、粘贴操作，应选择本工作流程。

Fw 注意：要保存至指定文件夹名及指定文件名，是因为引用了 Dreamweaver 的 jQuery Mobile 创建过程以生成所需的 .js 文件。使用 Dreamweaver 编写这些文件（及默认 CSS），将保存到 Web 根目录下的文件夹 jquery-mobile 中。用户新建的 CSS 文件也保存到同一文件夹下，即是通过将必要的文件都放到同一路径下，以事先做好工作，使项目文件组织有序。

自定义 jQuery Mobile 主题在 Dreamweaver 中的外观

Fireworks 在设计方面已为用户做了大部分的繁重工作，现在是时候打开通往 Dreamweaver 的路，使用起 jQuery 样本了。如果用户没有 Dreamweaver CS6，可以继续使用 Dreamweaver CS5.5，但该版本可能会稍有 UI 或步骤上的区别。为完成本练习，用户应熟悉基本的 Dreamweaver 操作。

1. 使用之前创建的根目录文件夹 near_north，创建本地站点定义。

2. 选择菜单"文件" > "新建"。

3. 在样本列表上选择"示例中的页"，并在"示例文件夹"栏选择"Mobile 起始页"。

4. 在"示例页"栏选择"包含主题的 jQuery Mobile（本地）"，并单击"创建"按钮，如图14.16 所示。

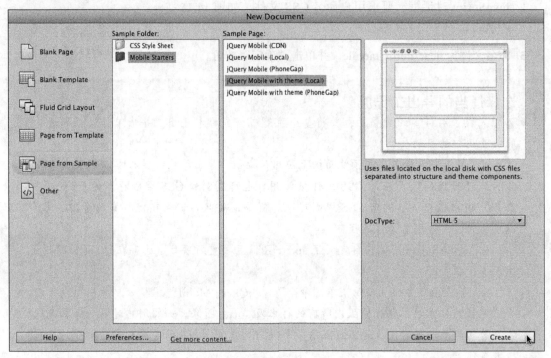

图14.16

5. 保存新页面为 index.html。

Dreamweaver 将弹出对话框，要求用户复制默认的 CSS 和 JS 文件到 Web 文件夹。Dreamweaver 默认保存位置为文件夹 jquery-mobile，如图 14.17 所示。如果该文件夹不存在，Dreamweaver 会创建它。

6. 单击"复制"按钮。

Dreamweaver 复制文件时，它会发现 sprite 图像已存在（读者先前在 Fireworks 导出过）并提示是否覆盖文件。

7. 单击"全部否"以保留 Fireworks 生成的 sprite 图像。

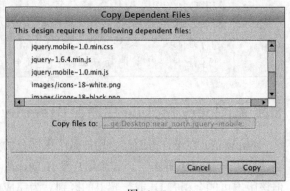

图14.17

8. 在文档的工具栏上，单击"多屏幕"按钮的扩展箭头，选择"320 x 480 智能手机"，如图 14.18 所示。Dreamweaver 调整了设计视图的尺寸，以吻合一般智能手机的尺寸。

该初始布局总共有 4 个"页面"：一个导航所在的"主页"和 3 个其他的"页面"，如图 14.19 所示。笔者使用引号，是因为这只是一个使用了 CSS 和 JavaScript 切分为不同内容区域的 HTML 页面。

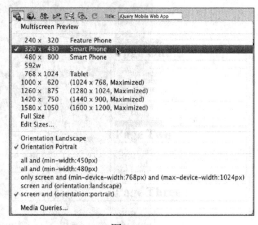

图14.18   图14.19

9. 单击"实时视图"。读者之前设置的颜色此时还没有显示出来，必须先剔除旧 CSS 链接并将其链接到 Fireworks 生成的文件上。

10. 关闭实时视图。

11. 在 CSS 面板上，选中样式表 jquery.mobile.theme-1.0.min。

12. 单击 CSS 面板右下角的垃圾桶图标，如图 14.20 所示，以删除其主题样式表的链接。

13. 单击链接图标。

14. 弹出对话框，切换并选中新样式表（near_north_mobile.css）。

15. 单击"确定"按钮。

16. 保存页面。

17. 打开实时视图。页面和也叫的样式已被自动应用，如图 14.21 所示。

图14.20

图14.21

使用 date-theme 属性修改样式

尽管页眉和页脚应用了样式，但其他样式如背景及列表栏颜色，却没有被应用。因为除非用户指定使用样本，否则 jQuery 会在 5 个默认样本中选样式来应用。例如，下面修改主页屏幕的背景色观察效果。

1. 切换到"拆分"视图，以同时看到代码和实时视图。

2. 在第 13 行，看到如下代码标记：

`<div data-role=" page" id=" page">`

3. 编辑该行代码为：

`<div data-role=" page" data-theme=" a" id=" page">`

4. 在实时视图下单击页面设计，看到新背景。

5. 使用同一段代码，可以修改导航列表为想要的颜色。

6. 在第 18 行附近找到如下代码标记：

`<ul data-role=" listview">`

7. 编辑代码为：

`<ul data-role=" listview" data-theme=" a">`

8. 单击页面设计，看到列表应用了新样式，如图 14.22 所示。

图14.22

Fw | 注意：记住，Fireworks 导出了 5 个样本设置（"a"至"e"）。使用 data-theme 属性指定任一样本，用户可自定义 jQuery Mobile 项目中任一元素的外观。

Fw | 提示：用户可对项目任何其他"页面"重复该过程，可选择在 Fireworks 自定义的样本"a"，也可选择其他样本。

预览新外观

有几种方法可预览所做的修改。读者在编辑过程中已经使用过实时视图预览修改，此外还可以通过"在浏览器中预览"或"Preview In BrowserLab"预览该项目或其他Web项目。这两个选项可在Dreamweaver的文档工具栏上找到。要在移动设备上正式测试，使用Adobe Shadow应用程序，可在Adobe Labs中找到公测版：http://labs.adobe.com/technologies/shadow/。

更新设计

至此所提到的一切都只是冰山一角。既然读者已经了解如何使用 Fireworks jQuery 模板以及如何导出自定义主题，为主题更新样本或添加新样本也不会是难事。

回到 Fireworks，打开先前创建的自定义模板，做一些进一步的更新。读者可能想调整样本 "a" 上的颜色，或大胆添加新样本并按自己的想法自定义它。记住，添加新样本就和重制已存在的样本页面一样简单。

所有调整都完成后，再次导出主题到文件夹 jquery-mobile。

如果切换回 Dreamweaver 后，页面还打开着，Dreamweaver 将弹出对话框，提示更新已存在的 CSS 文件。如果更新，将看到修改如何被应用。或刚才读者大胆地创建了全新的样本设置，可使用 data-theme 属性应用它到设计中。

这个工作流程不必在两个应用程序间往返编辑，很有用。

jQuery Mobile 的缺陷

尽管 jQuery Mobile 主题命令能在可视化及自定义 jQuery Mobile 主题时为用户节省大量时间，她也有一些缺陷。

• jQuery Mobile 模板不能生成模型。如果用户要创建移动站点或应用程序的高保真原型，仍需在 Fireworks 用传统方法建立。实际上，强烈建议至少使用 Fireworks 创建一个包含首页及内页的设计，这样就能在打开 jQuery Mobile 主题模板之前，将所有的颜色方案清晰归类。

• 由于 jQuery Mobile 框架限制，Fireworks 不导出图案及图像（sprite 图像除外）。考虑移动设计时，应同时考虑带宽消耗。毕竟数据套餐可不是白送的。Fireworks 从主题中导出的都会生成 CSS 代码，当然 sprite 图像除外。这优化了导出内容的大小。这并不意味着用户不能添加额外的位图，只是不能通过模板来实现添加。使用 Fireworks 创建及优化图形，以尽可能得到最小的文件大小。用户必须手动添加标记，以在 Web 开发者工具中访问那些新的图形。

为让读者稍微了解一下这个外观扩展功能的能耐，可以查看文件夹 near_north_enhanced_web。笔者使用 Dreamweaver（Fireworks 作了图像优化）在第 2 个页面上添加了一个可折叠的内容块，一些图像和一些假的内容。此外，还在那些页面上自定义了页眉和页脚的文本，如图 14.23 所示。

图14.23

使用 Fireworks 扩展功能

可扩展性，是 Fireworks 最出色的特点之一。许多 Fireworks 出品的 API（应用程序界面）都是直接面向最终用户的。因此，如果用户是编程爱好者，绝对可以创建自己的扩展功能——只要能安装到 Fireworks 上并作为程序的一部分运行——并将功能添加到 Fireworks 上。

扩展功能基于 Fireworks 的功能建立，以自动执行认为，创建新效果或改善工作流程。Fireworks 扩展功能的形式可以是面板、命令、图案、样式、纹理、自动形状、刷子、笔触、样本、元件或样式库。用户可以在网上找到可用的第 3 方扩展程序，通常是免费的。

找到可安装的扩展功能

扩展功能最好的资源来源之一，就是 Adobe Exchange（www.adobe.com/go/exchange）。用户可找到大量开发者提供的审查过的扩展功能。这些扩展功能并不仅限于 Fireworks 使用，还可以用于许多 Adobe 产品，包括 Dreamweaver 及 Photoshop。

安装扩展功能

安装扩展功能很简单，难的是选择要安装的扩展程序，因为可选的实在太多。笔者建议，如果用户常需要重复任务（如添加占位文本）或需要添加 Fireworks 本机不支持的元素（如为目录型的站点模型创建表列数据电子数据表），应查找（且会找到）能协助加速工作流的扩展功能。

1. 登录 Adobe Exchange 网站（www.adobe.com/go/exchange）。

2. 单击 Fireworks Exchange 的链接。

3. 从可用的扩展功能中，选择一个你想用的。

4. 单击"下载"链接以下载扩展功能包。

5. 保存扩展功能包至电脑上的目录。

6. 在 Fireworks 中，选择菜单"命令">"管理扩展功能"，如图 14.24 所示，以打开 Manager Extension（也可以不必通过 Fireworks，直接在 Adobe 程序组中打开它）。

图14.24

> **Fw** 提示：要下载扩展功能，必须先注册一个免费的 Adobe ID，然后使用该 ID 登录获得下载权限。

7. 在 Manager Extension 中，选择菜单"文件">"安装扩展"，并选择刚才保存的扩展功能包。Manager Extension 自动将扩展功能安装到 Fireworks 上。

通常需要重启 Fireworks 才能使用新安装的扩展功能。如果在运行 Fireworks 时安装扩展功能，Fireworks 会弹出提示，要求退出并重启应用程序。

安装后，要查看扩展功能的基本信息，可在 Fireworks 中打开 Extension Manager（"命令" > "管理扩展"）。

与其他 Adobe 产品集成

在本课及前面的课程中，读者已经了解过 Fireworks 如何和 Photoshop、Dreamweaver 与 Bridge 协同工作，但 Fireworks 并不满足于此。Fireworks 和其他产品工具能完美配合，如 Adobe InDesign，Adobe Edge 和 Adobe Muse，使用户能全局掌握原型，作出最终的创意设计成果。

Fireworks 与 InDesign

Adobe InDesign 是一个能创建印刷项目及交互性项目的多层面工具。从 CS5.5 版本起，InDesign 的功能集就包括创建平板设备专用的图案丰富、高度交互性的数字出版物，如 Android 平板及 iPad。由于平板电脑是基于屏幕显示的设备，在工作流中使用 Fireworks 是个好主意。图片、按钮、图标和弹框，基本上任何位图图形都可以在 Fireworks 中创建，并在 Adobe Digital Publishing Suite 程序中使用。

InDesign 一个鲜为人知的事实是，它支持指向本地单页 Fireworks 文件的动态链接。这意味着用户可以将多图层设计或对象放到 InDesign 中。如果未来还需要编辑图形，只需在 InDesign 中选择该对象并选择命令 "编辑原稿" 或 菜单 "编辑工具" > "Adobe Fireworks" 以打开分图层的 PNG 文件。可使用 Fireworks 修改设计，并保存文件。回到 InDesign 时，设计成果会自动更新修改！

Fireworks 与 Dreamweaver

Fireworks 与 Dreamweaver 之间有长期的合作关系，尽管其二者相互间的集成关系多年未变，有两个非常重要的工作流还是值得一提。

往返编辑

在第 10 课和第 12 课中提过，用户可导出 Fireworks 模型为交互性 HTML 原型。在进入编写网站或应用程序代码前，将其作为原型演示及获取客户的反馈或认可。

在 Dreamweaver 中打开由 Fireworks 生成的页面，可选择页面上任何位图图像（别忘了，"HTML 和图像" 导出工作流程意味着所有东西都是图像），且在 Dreamweaver 中属性面板上，重新优化选中的位图或重新打开原始 PNG 文件，修改布局，然后只需轻轻单击一下即可重新导出更新后的设计，以用于 Dreamweaver。如果用户需要回应客户关于演示网站或应用程序的布局、颜色，甚至是可视内容的反馈，这个功能将非常便利。

复制与粘贴图层

在 Fireworks 上处理插图时，用户可选中矢量对象、文本对象及位图对象，复制其到剪贴板，将复制的设计粘贴到 Dreamweaver 中的 Web 页面上。粘贴时，Dreamweaver 打开"Fireworks 图像预览"对话框，用户可优化文件格式、调整文件大小，甚至可裁剪要粘贴的设计。单击"确定"按钮后，Dreamweaver 弹出提示，保存拼合文件到 Web 文件夹，并要求设置 Alt 文本，然后将新图像加入到 Web 页面上。

Fireworks 与 Adobe Edge

Adobe Edge 当前为公测版，是一个 Web 动画及交互设计工具。设计师可使用 HTML5、JavaScript 和 CSS3 等标准，将交互型动画内容应用到网站上。尽管 Edge 和 Fireworks 没有直接的关联，二者却一样专注使用屏幕图形，逻辑上必然能够整合。Fireworks 的工作流，如图像优化、批处理、导出透明 PNG 文件（以 32 位或 8 位格式），都与 Edge 设计者关于高质量、低带宽的图像设计需求不谋而合。Edge 支持 JPG、PNG 和 GIF（包括 GIF 动画）格式。

Fireworks 与 Adobe Muse

Adobe Muse 使得传统设计者创建网站与创建印刷布局一样简易。与 Edge 和 Dreamweaver 差不多，在建立网站时，Muse 允许设计者使用标准 Web 图形格式。而且，在使用 Muse 创建网站时，Fireworks 图像优化和批处理功能是无价的节省时间利器。

复习

复习题

1. jQuery Mobile 主题命令是什么?

2. jQuery Mobile 模板对 Web 设计师有什么作用?

3. 使用 jQuery Mobile 模板时,有什么预览选项?

4. Fireworks 扩展功能是什么?

5. 如何安装扩展功能?

复习题答案

1. jQuery Mobile 主题命令是一个更改 jQuery Mobile 框架中默认样本及 sprite 图像外观的易用、可视的方法。Fireworks 会根据新主题生成相应的 CSS 样式表和 sprite 资源。

该命令为用户节省大量时间,因为用户可在 Fireworks 中创建或更新、并预览 jQuery Mobile 主题,然后生成 CSS 样式表和 sprite 图像。用户应用 CSS 代码到基于 jQuery 的移动 Web 页面时,主题的展示将与在 Fireworks 上预览的完全一致。

2. jQuery Mobile 模板包含 5 个默认样本(分别在各自的页面上),还有全局通用的 UI 元素、sprite 图像,甚至还有一个说明页面。

该模板所有元素分成特定的 jQuery Mobile CSS 类,Fireworks 的页面功能被用作主题的样本。任何出适当定义的页面都可导出为 jQuery Mobile 样本。

通过使用模板,用户可直观地创建基于 jQuery 的移动网站的主题,简便地预览并导出主题以用于用户常用的 Web 页面编辑器。

3. 通过选择菜单"窗口">"扩展功能">"jQuery Mobile 主题应用程序内预览",用户可在本地预览当前活动的 jQuery Mobile 样本。如果用户要看模板上所有可用的主题,选择菜单"命令">"jQuery Mobile 主题">"在浏览器中预览主题"即可。

4. 扩展功能基于 Fireworks 的功能建立,以自动执行认为,创建新效果或改善工作流程。Fireworks 扩展功能的形式可以是面板、命令、图案、样式、纹理、自动形状、刷子、笔触、样本、元件或样式库。用户可以在网上找到可用的第三方扩展程序,通常是免费的。

5. 在 Fireworks 中，选择菜单"命令">"管理扩展功能"，如图 14.24 所示，以打开 Extension Manager（也可以不必通过 Fireworks，直接在 Adobe 程序组中打开它）。

在 Extension Manager 中，选择菜单"文件">"安装扩展"，并选择刚才保存的扩展功能包。Extension Manager 自动将扩展功能安装到 Fireworks 上。

通常需要重启 Fireworks 才能使用新安装的扩展功能。如果在运行 Fireworks 时安装扩展功能，Fireworks 会弹出提示，要求退出并重启应用程序。

安装后，要查看扩展功能的基本信息，可在 Fireworks 中打开 Extension Manager（"命令">"管理扩展"）。